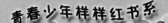

使命

○ 撑起靓丽青春的支点

黄苏涛◎编著

让青少年的学习为之奋发；让青少年的理想为之高尚；

让青少年的人格为之升华；让青少年的精神为之振作；

让青少年的身心为之愉悦；让青少年的使命为之增强！

华藝出版社

HUA YI PUBLISHING HOUSE

图书在版编目（CIP）数据

使命：撑起靓丽青春的支点 / 黄苏涛 编著. – 北京：华艺出版社，2015.5 重印
ISBN 978–7–80252–043–1

Ⅰ.使…　　Ⅱ.黄…　　Ⅲ.人生观 – 青少年教育
Ⅳ.B821 – 49

中国版本图书馆 CIP 数据核字（2008）第 130585 号

使　命

作　　者：黄苏涛
责任编辑：梅　雨
装帧设计：张文艺
出版发行：华艺出版社
社　　址：北京北四环中路 229 号海泰大厦 10 层
邮　　编：100083　　　　电话：82885151
印　　刷：北京柯蓝博泰印务有限公司
开　　本：640×960　　　　1/16
字　　数：210 千字
印　　张：16.5
版　　次：2015 年 5 月第 2 版　　2015 年 5 月第 1 次印刷
书　　号：ISBN–978–7–80252–043–1
定　　价：28.90元

前 言

　　21世纪的中学生们是祖国的希望，家长的生命线，受到了空前的关注。21世纪是一个发展迅速、充满竞争的世纪，但同时又是能够给人类带来希望和机遇的一个世纪。因此他们面临着生存能力、创新潜能、环保意识、意志力培养、独立自主、文学修养、良好习惯、心理健康、语言表达能力、自我管理、安全保护……太多太多的考验！把这些需要面临的考验当作是经历风雨努力争服，把这些考验当作使命一样全力以赴，相信彩虹就在不远处，成功也会近在咫尺。那么如何一步步地迈向成熟，顺利地完成使命呢？

　　如果一个人不知道他要驶向哪个码头，那么任何风都不会是顺风。中学阶段是确立人生理想的重要时期，理想使你微笑地观察着生活；理想使你倔强地反抗着命运；理想使你忘记鬓发早白；理想使你头白仍然天真，理想是中学生腾飞的翅膀。一名胸怀远大理想的中学生，他一定有前进的动力和方向，他的生活一定非常充实。他会按照自己确定的人生目标，自觉地调节自己的行动，不达目的决不罢休，因此中学生一定要有理想、有追求。

　　今天中学生生活的社会环境，光怪陆离，许多新鲜事物层出不穷。社会节奏的变快使许多新鲜事物人们还来不及把它出现之后带来的利弊之大、孰是孰非争论完成，它已经遍地开花、呈现出蔓延

的势头。由于社会上出现的腐败和其他丑恶现象的影响极坏，在学校获得的理想、信念或志向，往往一遇到复杂的现实就土崩瓦解了。在这个过程中中学生们一定要理智、成熟地去面对，不但要学习各种正确的解决方法，还要坚持做人的原则与高尚的精神，让生活更有意义。总之，中学生们应该在生活中有效且实时地把高尚的道德情操内化为自己的做人品德。

中学生时期的少男少女在性方面的发育逐渐成熟，由此而引发的性征越发明显和突出，随之性别意识、性意识便逐渐强化和建立。由于性的发育而导致的性别意识、性意识又进一步在心理上产生断乳，进而形成渐趋强烈的个性意识、独立意识和成人意识。所以中学生要认真学习"健康教育"知识，了解自身的变化规律，及时向家长、老师请教。还要注意合理饮食，并养成良好的生活规律，使自己健康地、愉快地度过人生的关键阶段。同时也正是这些意识的形成，使中学生们认为自己已长大，理应自己管理自己，决定自己。

《使命——撑起靓丽青春的支点》本书的精彩之处是对中学生的理想、学习、精神、做人、身心方面进行独到的分析，如身边朋友娓娓道来。灵性，隽永，睿智，如春风雨露，点点滋润，使中学生们认识到自己的独特和潜能，缓解焦虑和压力，珍视生存质量，健康快乐地成长，同时也让教师、家长读懂他们的心思并悟出一些有效的教书育人之道。

第一章 掌舵理想
——奋斗人生的使命

理想是沙漠中的绿洲，是黑夜中的灯光，是吹响生命的号角。拥有理想的青少年才能把握好自己人生之舟的航向！

理想是一个国家和民族的重要精神支柱，没有远大理想的国家和民族是不可能真正有所作为的。作为国家的未来和希望的中学生有没有想过"我追求的是什么？""我的一生该怎样度过？""是否随着社会的变化而选择理想？"处在新时代的青少年们，如果希望自己的人生不随光阴虚度，不随岁月流逝，那就树立起自己的理想吧，使自己在理想的境界里得以升华，让自己绚丽的人生向着理想的方向扬帆起航！

第二章 孜孜以学

——知识储备的使命

　　学习——中学生的任务和使命。其实学习可以不辛苦的，只要你有好的学习方法和学习策略！

　　好的学习方法+好的学习心态+好的心理素质=好的学习成绩。所以，对于处在学习关键阶段的中学生来说，掌握正确的学习方法是十分重要的，如制定好的学习计划，合理地利用时间、克服厌学情绪、提高自己的阅读能力和记忆能力、培养良好的思维能力等，使自己从苦学、好学过渡到会学。

第三章　精神升华
——无悔青春的使命

没有精神的青春如水中浮萍，飘忽不定；没有精神的青春如无根的松柏，无法常青！绚丽青春的演绎，离不开精神的点缀！

青春是人生当中一段闪光的记忆，是精神的使命将这段闪光的回忆幻化成优美的旋律一路传唱。青春拥有的不只是热情，还有面对苦难的勇气和永不妥协的傲骨。雄鹰在风雨中练就坚实的翅膀，梅花在严寒中绽放扑鼻的芬芳，任前方荆棘密布，只要自己持之以恒就一定能够成功！青春的脚步如行云流水，青春的精神决不允许有半点疏忽和浪费！

第四章 人格塑造
——完善自我的使命

对于中学生的成长来说，解决"如何做人"的思想问题，才能健康成长，进而成为有用之才。

在人的一生中，青少年时期是极其重要的一个阶段，然而在青少年成长过程中，什么是最重要的呢？事实上大凡有所成就的人，他们身上都有着聪明、善良、正直、勇敢、坚强、责任心……中学生正处在人生观、世界观、价值观逐渐形成时期，所以学着做一个健全的人、做一个高尚的人、做一个聪明的人，对今后的人生旅途所起到的"启蒙"作用是不可估量的。

第五章 心灵乐园
——风雨历程的使命

　　青春期的心理如一条在风浪中搏击的小船，如果小船在激流中把握不好方向，随时都会出现颠覆的危险！

　　青春期是人生的一个重要的过渡期，心灵、情感、梦想由此开始萌发。对于踏入青春期的中学生来说，生活中的烦恼和迷茫就像是一夜之间从天而降，这时的你也许正被极度的自卑、沉重的压力、青涩的情感等不良情绪所困扰，不知道出口在哪里。青春期的心理健康决定着你以后的人格发展方向，因此对于处在青春期的中学生来说，调整好自己的心理是很重要的。

第六章 成长点滴
——享受健康的使命

　　青春期是美丽人生的特殊时期，也是生理发展的重要时期。对于正处这个时期的中学生来说，在享受青春的同时，也要关注自己的身体！

　　健康是人生的最大幸福，失去健康便失去一切。中学生正处在身体生长发育的"第二个高峰期"，这时身体发生了巨大的变化，开始显现出各自鲜明的性别特征，特别是性器官有明显发育并出现第二性征。而此时的中学生们却是朦胧的，如同初梦方醒，开始进入人生的又一个奇妙的驿站。因此，中学生要认真学习"健康教育"知识，了解自身的变化规律，使自己能健康地、愉快地度过人生的关键阶段。

第一章 掌舵理想
——奋斗人生的使命

理想是沙漠中的绿洲，是黑夜中的灯光，是吹响生命的号角。拥有理想的青少年才能把握好自己人生之舟的航向！

理想是一个国家和民族的重要精神支柱，没有远大理想的国家和民族是不可能真正有所作为的。作为国家的未来和希望的中学生有没有想过"我追求的是什么？""我的一生该怎样度过？""是否随着社会的变化而选择理想？"处在新时代的青少年们，如果希望自己的人生不随光阴虚度，不随岁月流逝，那就树立起自己的理想吧，使自己在理想的境界里得以升华，让自己绚丽的人生向着理想的方向扬帆起航！

1.志不立，天下无事可成

地球上的每个人，都生活在一种背景之下，表面上看人们每天都同处在一个空间里，其实细想则不然，很多时候的人生活是一种虚幻空间与现实空间的结合，一个志向高远的人其生活空间绝不等于心地狭窄人的空间。这种虚幻的生存空间对于一个人的成长是至关重要的。人生最宝贵的是生命，而生命又总是与理想、信念紧密地联系在一起。列夫·托尔斯泰曾说："理想是指路明灯。没有理想，就没有坚定的方向；没有方向就没有生活。"没有理想的人生，如同草木已秋，匆匆枯槁；没有理想的青春，犹如大海迷航的孤舟，无望且随时都有触礁沉没的危险。

对于青少年来说，树立理想是非常重要的。试想一下，当你步入人生末年，打开你的回忆录时，如果你发现自己走过来的路是多么曲折而生动，那么你肯定为之一惊的。你也许会对自己年轻时的勇敢与智慧感到自豪，也可能对自己的愚昧和无知而感到可笑，不管怎样，你都会感到快乐和幸福的。反之，到晚年时，才为自己的碌碌无为而悔恨，那将是人世间最悲哀的事情了。中学生们要记住这句话："人生短暂，我们要过一个充实而有意义的人生。"有意义的人生也就是用自己毕生的心血去实现那心中最美好、最远大的梦——理想。

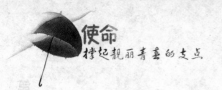

§有志者事竟成§

相信许多中学生都听过张海迪的故事。张海迪因疾病，全身三分之二瘫痪，连生活自理都有困难。但她超越、战胜了自己，在为群众治病的同时，还翻译和创作了大量启迪人们的文艺作品，做出了许多正常人都难以完成的贡献。那么，是什么力量在一直支撑着她呢？是理想。她说："我不能碌碌无为地活着，活着就要学习，就要为群众做些事情。"理想为她的生存提供了动力，理想为她的成功扬起了风帆。

在生活中，我们经常可以看到这样的现象：有的人斗志旺盛，意志坚强，愈挫愈勇；有的人却意志薄弱，遇挫折便灰心丧气，甚至沉沦堕落。这种差别就在于有没有崇高的理想。困难、挫折总是像影子一样跟随着我们每一个人，只有迎着光明，才能将其抛之身后。而理想就是人生中的太阳，理想是战胜困难和挫折永不衰竭的动力源泉。一个人只要精神支柱不倒，那么任何困难都难不倒他，任何厄运、打击都摧不垮他，有崇高理想的人，总是对生活充满信心、对未来充满希望的。翻开史册，我们会发现，古往今来凡是在事业上有所成就的人必定是青少年时代就胸怀大志。作家蒲松龄落第后，下决心要干一番事业，他写下了一副对联："有志者，事竟成，破釜沉舟，百二秦关终属楚；苦心人，天不负，卧薪尝胆，三千越甲可吞吴"。就是在这种理想的信念下，终于完成了传世名著《聊斋志异》。古往今来，理想之花催发了多少有志之士的奋发之帆，崇高的理想激励了一代又一代的热血青年奋发向上。中学生们正处于人生的关键时期，能否树立远大的理想，将会对他们的人生发展产生重大的影响。

如果我们把人生比作是一次伟大的航行，那么理想便是指引我们到达成功彼岸的灯塔。赫伯特曾说："对于盲目的船来说，所有风向都是逆风。"可对许多人来说，宁可选择随波逐流的浪荡生活，也不想设定一个人生目标，因为对他们来说设定一个目标是一件痛苦的事，所以他们一直迷茫地走在没有目的地的道路上。因为迷茫，他们感到了空虚，于是他们利用所有的时间来追求享乐，参加对己、对人都无益的活动。他们就像一群毛毛虫，不停地绕着同一个圈子，他们的结局并不比初时好。没有理想的磨砺与指引，就永远不可能成为破茧而出的蝶。可见，理想可以为中学生们指引前进的方向，让他们找到到达成功的正确路径。

理想还为中学生的成长提供源源不断的动力。理想作为我们人生追求的目标，人们为了达到这个目标就要以坚强的毅力，顽强的斗志，勇于拼搏的精神去奋斗。因此，理想便成了我们前进的动力，促使我们创造出不平凡的成绩。正如高尔基所说：一个人追求的目标越高，他的才能在发挥过程中对社会就越有益。作为新时代的主力军，青少年们必须树立起远大的理想，只有这样才能提高自己人生的起点，并为自己的发展寻求到了无限的动力，那么我们的社会才能发展的更快、更好。

理想是力量的源泉；理想是心中的绿洲；理想是指路的明灯，引领人们走向成功。只有树立了理想，才会有前进的目标与动力，才有可能达到成功。

§扬起理想的风帆§

理想是成功人生不可缺少的。在我国古代，理想被称为"志"。古人很重视理想，即使到了穷困潦倒的地步，也要恪守"人穷志不穷"的信念。理想是人们的世界观和政治立场在奋斗目标上的集中体现，是鼓舞人们前进的一种精神动力。没有理想的人生是空虚迷茫的人生，所以，在生活的海洋里，理想如同导航的灯塔，指引着人们朝着奋斗的目标前进。

其实每个人心中都有属于自己的理想，都为自己的未来绘制出

了一张张美丽的蓝图，因此，理想对于青年人来说也更为重要。因为青年人对追求真理、探索人生，有着强烈的需求和愿望；只有在青年时代树立了崇高的理想，才能使自己的价值得到尽早的发挥。所以革命前辈李大钊同志曾这样讲过："青年啊，你们临开始行动之前，应该定方向。譬如航海远行的人，必先定个目的地，中途的指针，总是指着这个方向走，才能有达到目的的一天，若是方向不定，随风飘转，恐怕永无达到的日子。"明确地指出了理想对于中学生的重大意义。

人生如同乘着理想之风航行的船，有谁不憧憬收获，又有谁不期盼成功？为了把理想载到目的地，于是，生命之船义无反顾地选择了远航。有句话说得好："人生并非尽是乐事。"当你在追求成功的旅途中，一定会遇到挫折与失败，人生不就是如此吗？但是，只要你勇敢地去面对它，勇敢地征服它，就没有什么可以阻挡你。不要因为一时的失败而气馁，也不要为短暂的低潮而叹息！前面还有太阳，光辉的航道正等待着你勇敢地去开拓。人生恰似洪水在奔流，不遇到岛屿和暗礁，难以激起美丽的浪花。平静的湖面，练就不出强悍的水手。既然你已起航，就应当接受风浪的挑战；既然你有勇气开始，就应相信自己一定能到达彼岸。攀登者最终能登上顶峰，因为他自信，他相信自己一定会看到那无限的风景。载着理想，扬起风帆去风浪中拼搏吧！冲过去，冲过去将是一片艳阳天。没有理想的人生是不完美的！只有克服挫折与失败，才能踏进理想之门……

理想是一个亘古常新的话题，是每一代人、每一个人都不能不认真思考的问题。理想属于我们每一个人，但对于中学生尤其重要，在青少年时代树立远大的人生目标和理想，就会使自己的一生过得更加有意义、有价值。青春易老去，追悔谁能及？因此，在我们的人生道路上，一定要树起理想的风帆，抓住人生最美好的时光，用最美好的心情去成就我们美好人生的壮丽事业吧！

2.放好理想与现实的平衡砝码

理想与现实是辩证统一的。很多的理想在现实中破灭，很多的理想在现实中建立。每个人都有一定的理想和抱负，但现实生活和自己所思、所想的又有一定差距。

现实生活中，有许多不可预知、不可改变的因素，足以将我们的精神层次摧毁，两者之间的巨大差距，犹如不可逾越的鸿沟和天堑，我们站在现实的下面去仰望理想的天空，总是会彷徨，迷茫。这就是追逐理想的过程，我们必须去经历这些。但是中学生绝对不要让理想与现实的差距所打倒，否则将无法到达理想的天堂。在生活中，不要总想着理想的好，现实的残酷，这是不可避免的，所以要有坦然面对的心态。

§理想源于现实又高于现实§

理想与现实是一对矛盾，它们之间既对立又统一。理想源于现实又高于现实，在一定条件下还可以转化为现实。

理想源于现实。理想的建立必须是在对客观现实有一个客观准确评价。否则，理想将成为无源之水，空中楼阁，很容易就会枯竭、倒塌。脱离现实的理想，只能使人平庸无为，它还能起到瓦解人们斗志的作用，而且现实的成果是激励梦想的动力。现实中所获

得的阶段性成就，也是使梦想不断攀升的奠基石。当我们实现了梦想的时候，取得了一定的成就，随之会激发我们更高的梦想，向更高的目标努力。

理想源于现实却又高于现实。扎根于现实土壤中的理想之花，毕竟不同于泥土。理想是人们向往和追求的奋斗目标，是对未来的美好想象；而现实则是已经实际存在的东西。理想总是美好的，在德国古典哲学中，"理想"同"美"是同义语；而现实中既有美好的一面，也有丑陋的一面。理想虽然来源于现实，但它并不是停留在现实的水平上，它比现实更高，更美好。正因为如此，才能激励人们去追求、去奋斗，成为人生的方向和动力。然而，正是有这种差异的存在，才造成了理想与现实之间的差距。

理想与现实之间存在着很大的区别：当你成为一个超现实主义者的时候，你的人生将会走入一个死胡同。从来没有一种现实能够满足人类，人类不是完全活在现实中的动物，也许明天你可以赚更多的钱，也许后天可以更有名。可是，更多的钱能够做什么？更有名能够做什么呢？但是，如果你为了理想而忘记了现实的时候，那么你将会成为一个空想家，变成一个愤世嫉俗的人。所以，理想与现实是不可分割的，在人生的道路上，你只有把持着你的理想，让自己要看到现实，用现实的方式去实现理想，你的整个人生才可以做出自己要做的事，才能使理想与现实之间的距离不再遥远，达到统一。

可见，现实与理想存在着很大差距，有时会是相反的。所以，怎样对待现实与理想，是每一位中学生值得思考的。

§正视理想与现实的差距§

大多数中学生都会树立起远大的理想，对未来充满幻想和希望，对于生活、学生生涯，以后的结婚家庭、工作都有着很多的设想。但是，并不是每一种设想都能成功，要受到许多条件的限制，

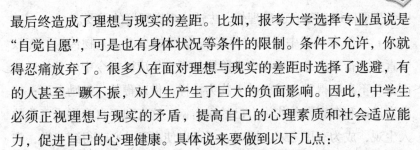

最后终造成了理想与现实的差距。比如，报考大学选择专业虽说是"自觉自愿"，可是也有身体状况等条件的限制。条件不允许，你就得忍痛放弃了。很多人在面对理想与现实的差距时选择了逃避，有的人甚至一蹶不振，对人生产生了巨大的负面影响。因此，中学生必须正视理想与现实的矛盾，提高自己的心理素质和社会适应能力，促进自己的心理健康。具体说来要做到以下几点：

1. 要有一颗平常心，树立正确的人生观和方法论，使自己的认识水平更上一层楼。中学生要做好心理建设，应该明白现实与理想之间是存在矛盾，承认它并且接受它。人的一生中，不可能鲜花满地，我们的某些追求不可实现是无法避免的，挫折和冲突是无法回避的。遇到此情此境，千万不要钻牛角尖，应想到"车到山前必有路"、"塞翁失马，焉知非福"，坚信胜利总要到来，黑夜过后必将是黎明。

2. 要保持乐观的思想，不要让悲观失望奴役你。毛泽东曾说过："与天奋斗，其乐无穷；与地奋斗，其乐无穷；与人奋斗，其乐无穷。"不要在困难面前退缩，要乐观的对待困难与挫折。乐观是中学生保持情绪健康的金钥匙。乐观，就必须一切从实际出发，善于运用唯物论与辩证法的观点分析、处理问题；乐观，就必须时刻准备迎击困难。青少年朋友们在面对现实与理想的落差时，要有搏击困难的决心，把握好情绪的武器。

3. 要有面对现实的勇气，适应环境的能力。心理健康者能与现实保持良好的接触。他们能尽最大的努力去改造环境，以求外界的现实符合自己的主观愿望；若在力不能及的情况下，他们又能另择目标或重选方法以适应现实环境。心理异常者最大的特点就是脱离现实或逃避现实。二者也许都有美好的理想，但是，前者实现理想的可能会比后者大。因为后者不能正确的估价自己的实力，又置客观规律而不顾，因而理想成了空中楼阁。于是怨天尤人或自怨自艾，逃避现实。在理想被现实敲得粉碎之时，将很难承受。所以，

中学生要随时调整自己的理想，去适应现实环境的需要。

4. 要学会从书中吸取"营养"。优秀的小说，人物传记，能鼓励青少年奋发向上。处在中学阶段的青少年应以古今中外身处逆境而奋斗不息取得重大成就的人物为榜样，借以鞭策、勉励自己；把激发进取和名言警句作为自己的座右铭，这有利于自身形成正确的人生观，成为有用之才。同时，还可以使自己的心理得到建设，陶冶了情操，避免陷入颓废中。

当然，消除理想与现实之间差距的最好办法就是不断地努力奋斗。在现实生活中，有的人追求理想，想成为一名科学家，可他既不去学习科学知识，又不去提高与科学家有关的能力。这样饱食终日，无所事事，坐享其成的人，又怎能实现自己的理想呢？他们只能接受现实中一次又一次的打击。

理想与现实是有差异的，中学生在放好心理平衡砝码的同时，也要主动出击，消除两者之间的距离。

3.树立平凡的理想，成就非凡的人生

　　曾经有人做过一项调查，问孩子们的理想是什么？有的孩子说长大了要当一名科学家，做许多的研究发明；有的孩子想当一名白衣天使，救死扶伤；有的孩子要像刘翔一样为中国捧回金牌……虽说不惊世骇俗，却也都不同凡响。在这群孩子当中有一个叫小娟的说："我想做一名工人……"这引起了所有人的哄堂大笑。

　　相信许多中学生都有这样的想法，树立"平凡"的理想就像是低人一等一样抬不起头来。受人才观的误区影响，不少中学生和家长认为只有考大学、做大官、挣大钱才是成才。据一位小学高年级班主任老师透露，她在所教的班级里进行一次主题为"长大了，干什么？"的测验中：有长大了准备当歌星、电影明星的；有准备当老板、经理的；有准备当科学家、学者的；有准备当市长、部长的……极少有打算当工人、农民、教师等普通劳动者的。许多青少年鄙视平凡的劳动，不愿意做普通劳动者；大事做不了，小事又不愿做；不少独生子女还养成了吃讲高档、穿要名牌、用摆阔气等不良习惯。这一切都显示了孩子们"平凡"意识的危机。

§伟大源于平凡§

作为中学生的青少年，其"平凡"意识淡化，原因是很多的。在报纸上曾经有过这样的一则报道：某某中国学者到美国小学考察，当他问及美国孩子的理想时，孩子们的回答让我们这位学者目瞪口呆：商店售货员、街头艺人、人体模特、火车司机等，这些在国内被视为"下等"的职业竟然成了孩子们追求的"理想"，而他们的家长和老师们则给予了赞扬和鼓励。但是，如果在国内，老师们可能马上会说："你的理想太平庸了，你应该树立一个更远大的理想，这才是好学生所为。比如做一个伟大的科学家或发明家啊！"而家长们则会拉着儿女训斥一顿："没有出息的东西，就算当不了大官，至少也得在政府机关里混出个人样来，光宗耀祖不说，让你爸妈也跟着沾光啊！"这种"非凡"意识在日积月累之中灌输到了孩子们的心中。可以看出，不同的教育观念，人才观念是造成这种现象的主要原因。

另外，社会在不断发展，人们之间的贫富差距逐渐拉大，生活压力的加重使人们的观念也有发生着微妙的变化，对人的评价也在变。"平凡"在不少人的心中已变成了"平庸"的代名词，"非凡"才令人羡慕。要在日益激烈的竞争中"出人头地"，必须"不平凡"。而且现在独生子女家庭越来越多，这让许多家长都产生了"一荣俱荣，一损俱损"的危机感，把自己下半生的所有赌注都押在了孩子的身上。这也是让孩子产生这种心理的原因之一。

当然，中学生们树立远大的理想并不是一件坏事，"不愿当将军的士兵不是好士兵"。自古以来，每个能成"大器"者，是与他从小树立了远大的理想分不开的。有所"思"，才能有所"为"，理想定得高点，无形中给自己增加了压力，在一定意义上能起到"不用扬鞭自奋蹄"的作用。但是，如果仅仅将其作为自己名利的追求武器，那么，将会容易产生"目空一切"，"瞧不起普通者"的不健康心理。这并不是真正意义上的理想追求。

要知道，平凡才是人生的真谛。翻看史册，伟人们的经历无不在向我们证明这一个永恒的真理。伟大者的品质并非与生俱来，高尔基是由一个打杂工变成的伟大的文学家；齐白石是一个木工，成了国画艺术大师；华罗庚是一个小伙计，成了著名的数学家；毕升，一个布衣发明了活字印刷；爱迪生，一个报童成了大发明家。许多伟大人物的背后都以平凡作为铺垫，他们的伟大品质和非凡才能都是来源于平凡之中而又高于平凡，集众人之长于一身，在机遇和挫折中锻炼，在成功和失败中成长，最终成为一代伟人。而中学生们往往会盲目的树立远大的理想，但是当远大的理想变得遥遥无期，绚丽的美景还是那样的虚无缥缈，面对严酷的现实，一颗本来还幼稚、脆弱的心怎么能承受得起如此之"重"、如此之"累"？

没有人生来就是伟大的。而在后来伟大与平凡的区分，是因为后天的塑造。因为伟大者有着一般人所不具备的志向和奋斗不息的精神。成功面前不骄傲，挫折面前不低头，源于平凡而不甘于平凡。但凡伟大者，必有包含宇宙之心，吞吐天地之志，千磨万砺而后方为伟大者。不管伟大于成功，都是起于平凡而归于平凡，是在小事当中的点滴积累。古有"每从小中能见大，常从淡处见精神"，这些都是在告诉中学生们，不要淡忘了"平凡"的意识，没有精于小事的能力，怎会有吞吐大志的气度呢？正所谓"一屋不扫，何以扫天下"，即是此理。

所有的伟大都来源于平凡。中学生要树立"平凡"的意识，要培养平易近人、宽厚待人的良好品格和脚踏实地、一步一个脚印的生活作风，在平凡中超越自我，奋起腾飞。

§"平凡"中成就伟大§

中学生们能树立远大的理想和抱负，固然是一件好事，但是平凡理想的树立却也不失为一种正确的选择。一个社会没有科学家不行，没有普通的劳动者也不行。俗话说：三百六十行，行行出状元。这个社会固然有名流，但真正构成社会基石的，永远是那些数以万计的普通民众，数亿人在平凡的岗位上默默地做着贡献。如果中学生们都埋怨自己的父母是工人，羡慕别人的父母是"白领"，那么，又怎能对工作在第一线的劳动者们有敬意，对父母有感恩之心呢？

要树立平凡的意识，必须尊重劳动者，树立正确的人生观和人才观。要知道，所有的伟大品质都来源于平凡。不论在多么平凡的岗位上都能塑造不平凡的人生。"伟大"是奠基于扎扎实实、艰苦奋斗、开拓创新的"平凡"土壤之上的。"平凡"不等于平庸。"五一"劳动奖章获得者、"金牌工人"许振超是青岛港一名普通的装卸工，由一名只有初中文化的工人，成长为一名两破世界纪录、令世界航运界敬佩的一流桥吊专家。这告诉了我们，无论在多么平凡的岗位上，只要尽心去做，总会有所作为。社会的人才需要是多方面的，既需要科学家、工程师，也需要工人。没有不重要的工作，只有看不起工作的人。所以，中学生们树立平凡的意识有时候正是大志的积累与表现。

有人说伟大是本书，要用平凡去书写，其每一篇章、段落、字句都蕴含着耕耘的艰辛和奋斗的劳苦。只要你有无私奉献的精神，无论在哪个工作岗位上，都可以干出成绩，这样的"平凡"之中也有"伟大"。那些自认为天生"平凡"的人，不要胸无大志，自甘平庸，要认清"平凡"与"伟大"的辩证关系，振作起来，鼓起理想的风帆，努力奋斗，勇敢地走由"平凡"而升华到"伟大"的艰

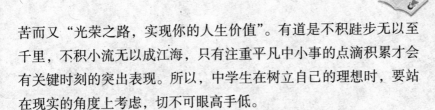

苦而又"光荣之路，实现你的人生价值"。有道是不积跬步无以至千里，不积小流无以成江海，只有注重平凡中小事的点滴积累才会有关键时刻的突出表现。所以，中学生在树立自己的理想时，要站在现实的角度上考虑，切不可眼高手低。

源于平凡而高于平凡才是伟大的精魂所在。人的最大的优点就是认识到自己是平凡的，而人最可贵的就是在平凡中能够保持创造不平凡亮点的信念。树立"平凡"的理想，成就非凡的人生。

4.心动不如行动，化空想为理想

　　生活中，每个人都曾树立过远大的理想。从幼年时期，我们对未来的美好设想与期待，到青年时期，对于自己人生的规划……一个人总是在不同的阶段为自己制定着不同的理想。如果这些期望都能够实现，那么每个人都会有更辉煌的人生，但遗憾的是，许多人常常只是想到而没有做到。为什么有的人一事无成，有的人却硕果累累呢？很多情况下，并不是他们没有实现自己理想的能力和条件，而是缺乏足够的勇气和信心将之付诸行动，一件事情如果只让它存在于头脑中而不去实施，那么它永远也不会成为现实，只能成为空想。

　　理想和空想存在着本质上的区别：理想是对于即将做的事情的一种思想规划，是需要逐步去实施自己的心中蓝图。空想则是生活当中偶然心血来潮的一种想法，虽然空想的意境有时候远远超越了有步骤的理想要美妙的多，但终归流于幻觉。能使我们为之奋斗的是理想；而实现理想所必需的是行动。正如一位寓言家说："理想是彼岸，现实是此岸，中间隔着湍急的河流，行动就是架在两岸的桥梁。"中学生所需要的正是一份坚定不渝的理想信念，只有在这种信念下坚持行动，才能到达成功的彼岸。

§理想离不开行动§

一个人最大的财富是什么？是钱？不！是理想。没有理想的人，就等于没有灵魂；没有灵魂的人是没有人生奋斗目标的，所以，一个人在世上奋斗一生，都是为了一个人生目标。但是，如果不将理想转化为现实，那么理想的存在也就没有任何意义了，而这种转化必须要靠行动来实现。

有这样一幅漫画：一个人立志要挖一口井。但是没有信念的支持，不久便放弃了，最后以失败而告终。其实，那时候他已经在地上挖掘了许多的坑，但是却没有坚持到底。甚至当他渴望的水源就在眼前时，他却弃之而去，终使功亏一篑。可见，理想固为重要，但是如果没有行动的支持，那么理想永远无法实现。

理想需要靠行动来实现，而且还在于行动中有没有坚韧的毅力，有没有顽强的信念。一个人如果没有远大的理想和抱负，那就会变得鼠目寸光，以至一生碌碌无为。但是，缺乏行动的理想是一纸空文，要把它变为现实还要靠坚定的信念。很多人在小时候，就有远大"抱负"，制定自己的一生要达到什么境界，如何出人头地。然而，此念头却仅仅在内心里热血沸腾，在现实当中，身躯却没有接受灵魂的最高指示，没有去轰轰烈烈的奋斗，而是时不时的忙里偷闲，无法克制心灵的惰性，于是很多理想就成了空想。如果你只有远大的理想而不以巨大的信念从事"韧"的战斗，当岁月匆匆流逝，就会发现，理想仍然是理想，它还是天幕远景上的海市蜃楼，你就会像那个挖井人一样，最终一无所获。梦想与现实是有差距的，其差距就是脚踏实地的行动。人类梦想远离古代的生活，于是我们有了现代都市的繁华；人类梦想长出翅膀飞向蓝天，于是有了飞机的飞翔；这是空想就能得来的吗？不是人类用自己艰苦的劳动一

代又一代的奋斗争取来的。

爱迪生曾说："成功就是百分之二的灵感，再加上自己百分之九十八的汗水。"爱迪生一生有上千项的发明，获得专利就有 1300 多项。单 1882 年一年，他申请的专利就有 141 项。从他 16 岁的第一项发明——自动定时发报机算起，平均每 12 天半就有一项新发明。他真是天才吗？不可否认，但是天才如果不把才能付诸行动也是枉然。而这样一位伟大的科学家，也认为是实践让理想成为了现实。这告诉了中学生们，如果你在树立理想的同时，不忘坚持刻苦努力，以顽强的毅力去拼搏，用一种不达目的誓不罢休的信念向困难冲击，就一定能有所收获。

理想为成功绘出了绚丽的蓝天，而行动则是理想实现的基石。中学生已经具备了很好的学习条件和优良的实践场所，为了实现理想就要充分利用自己所学的知识并运用到实践当中，做到理论与实际相结合，不怕想不到就怕做不到。做了也许不一定会成功，但是什么都不做却注定是失败的。

§抛弃白日梦，行动起来§

没有行动来逐步实现的理想，那就是空想、妄想。追求理想的实际行动是理想信念的应有之义。理想不是一种封闭的精神状态，而是一种全身心的投入，总要通过行动来得到体现。离开了实际行动，理想也就不能再称之为理想了。只有行动才能使理想化为现实。正如马克思所说：思想本身不能实现什么，为此还需要掌握实践力量的人。美好的理想若是停留在头脑中和口头上，那它只能是一种不结果实的花朵。中学生在成长中能否得到成功，也并不是看他有没有理想，而要看他主观上是否有为追求理想而付出的实际行动。理想再伟大，如果不用实际行动去完成，永远只能是空想。那么，中学生在面对自己的理想追求时，应该怎样做呢?

　　成功在于树立理想, 更在于以行动去实施。中学生要做一件事时, 往往缺乏开始做的勇气, 即人们常说的"万事开头难"。但是如果你鼓足勇气开始做了, 就会发现做一件事最大的障碍往往来自自己内心的恐惧和懦弱, 一旦突破了这道坎, 你就会发现你离理想越来越近了。也许, 在刚开始的时候, 你会为此而困惑, 甚至遇到很多挫折, 感觉前途渺茫。但是, 当你一直不停地坚持做下去时, 你就会发现, 理想其实并不遥远, 同时你也会对自己将要做的事有一个清晰的思路, 那么, 成功就展现在你面前了。

　　要将理想付诸行动, 就要学会"分解"。首先你需要将理想确立为明确的人生目标, 使你的追求和努力有明确的方向。但是这个目标往往让人看上去过于遥远, 而使你丧失了行动的勇气。这种自我设限阻碍了人生目标的追求。要打破这种阻碍和限制, 分解目标是一个很有效的方法。将人生的大目标分割成为一个个阶段性的小目标, 它就不再那么使人望而生畏了。在追求理想的过程中, 你只要每天都做好当天的事情, 将其付诸于实践, 那么过一段时间后, 你就会发现, 这种积累已经给你带来了不必的收获。例如: 在学习的过程中, 每天记十个单词, 那么经过累积, 一年又会有什么样的成果呢? 所以, 人生理想的实现并非像许多人想象的那样困难, 只要掌握了有效的方法, 你可以离成功越来越近。

　　坚持行动。假如你现在已经不仅是心动, 而且还决定去行动了, 那么就请你记住, 行动绝对不能"三天打鱼, 两天晒网", 更不能一曝十寒。许多中学生在智力上的差异性并不是很大, 学习能力也没有很大的不同, 而是往往就是在行动的持久性上。"骐骥一跃, 不能十步; 驽马十驾, 功在不舍。锲而舍之, 朽木不折; 锲而不舍, 金石可镂。"成功需要的是长久的动力。意气风发只能逞一

时之强，持续奋斗才是英雄。

怀揣着青春上路的人，不可能没有梦想。但是，鲁迅先生也说过："单是说不行，重要的是做。"理想+行动=成功，收获将和你的行动成正比，好好加油吧！在这里，可以给青春重新下一个定义："青春，就是用行动书写理想！"中学生们行动起来吧！

5.大胆的创新，让理想更斑斓

　　一个优秀的中学生是应该有理想、有抱负、有责任心的。具备了这些素质，才能找到人生的追求目标和方向，才能有追求上进的不竭动力。一个缺乏理想、抱负，没有责任心、进取心的孩子，往往会因找不到自己的人生价值而感到迷惘，也容易为一些安逸的生活所陶醉，从而失去创造成就的动力，走上不思进取的道路。从古至今，历史上那些为人类做过重大贡献的人，大凡都有远大的抱负，崇高的理想，勇于负责，追求进取的精神。但是，在这个竞争越来越激烈的社会，理想的树立并不是对于前人的继承，墨守陈规只能被社会淘汰。只有敢于大胆的创新，才能让理想更加斑斓。

　　有创新才会有发展。长江后浪推前浪，一代更比一代强。所以，现代的中学生们在继承前人精华的基础上，还要有独立创新的意识。创造是人类文明进步的阶梯。人的创造开发到什么程度，社会就前进到什么水平。人类不能没有创新。哪里有创新，哪里就有新的希望。创新是一个民族的灵魂，是一个国家兴旺发达的不竭动力。随着社会的发展，创新越来越重要，创新是社会进步的决定因素。社会要发展，国家要富强，民族要进步，就需要创新精神。

§创新是人类进步的阶梯§

创新是社会发展的本质，是人类所必须的一种能力，是理想得以实现的阳光雨露。没有创新精神就没有科学发现、科学发明和科学技术的发展。创新精神是一个人的重要素质，如果没有创新精神，总是墨守陈规，事事按照传统的规矩去做、书本教的方法去做、别人的方法去做、家长和领导的意志去做，那么这样的人不会有大的作为。大而言之，创新是一个民族发展的不竭动力，是一个民族得以进步的灵魂，一个国家、一个民族如果没有创新精神，那么，就只会强大。所以培养创新精神是时代的需要、素质教育的需要、科学教育的需要。作为时代的新主人，中学生则是创新能力得以实践的主力军。

创新能力对于中学生来说是相当重要的，它与中学生的智力发展密不可分。迈克尔·莱博夫说："创造力是一种智力肌肉，愿意并且知道如何锻炼它，你才能发挥出潜在的创造力。"创造力是人类"智力物化"的力量源泉。创造力是人才的主要特征，是衡量人才的基本标准。人类社会的一切物质财富和精神财富都是人类"智力的物化"。创新能力与智力的关系主要有以下四种情况：

1. 创新能力和智力都较高：这样的学生学习成绩较好，能力强，容易适应环境的变化。

2. 创新能力较高，但智力低：这样的学生一般对周围环境不太适应，学习成绩不理想。

3. 智力较高但是创新能力低：这样的学生学习比较用功，成绩较好，但是动手能力和实践能力很弱，很难适应环境的变化与发展。

4. 创新能力和智力都很低：这类学生学习较被动，对周围事物缺乏兴趣，缺乏积极性，对环境不易适应，精神和身体都会感到有压力。

可以看出，创新能力和智力存在着相关的联系。智力是创新力的基础。在这个竞争激烈，崇尚创新的社会，创新能力自然而然就成为中学生必备的素质之一，成为了一个主旋律。不仅时代呼唤教育创新，发展创新学习，创新也是 21 世纪中学生自主发展的强烈需求，是他们走向 21 世纪现代化过程中个性发展的迫切愿望。因此，中学生们要激发自己发明创造的兴趣，培养自己发明创新创造的意识。今天的中学生是社会的未来，国家明天的发展，取决于当今中学生学习的效果，创新意识就要从这里起步。

没有创新就没进步。中学生要实现自己的价值，就要敢想敢做，勇于创新，让创新成就理想，让理想成就人生。也许有人说，创新不是每个人都可以做到的，那是科学家的事。这种想法是错误的。美国有个叫李小曼的画家，他平时做事总是丢三落四，绘画时也不例外，常常是刚刚找到铅笔，又忘了橡皮放在哪儿了。后来为了方便，他就把橡皮用铁皮固定在铅笔上，于是带橡皮的铅笔诞生了。在办了专利手续后，这项发明被一家铅笔公司用 55 万美元买走。其实，任何人都可以有创新意识，创新能力。中学生在生活中，只要做一个有心人，也可以成为一个有创新的人。

§创新能力的自我培养§

人的创新能力是先天的吗？不是。创新的本质就是对于传统观念和行为习惯的束缚的突破。很多事实告诉我们：人的创新能力不是天生就有的，而是后天培养出来的。一个人具备创新能力，就能突破常规思维的羁绊，勇于探索，在学习和工作中就会取得显著的成绩。一个富有创新精神的国家和民族能打破陈规陋习，奋力进取，使国家兴旺发达，勃发生机。所以，作为中学生的你应该自主地挖掘和培养自己的创新能力。

　　要培养自己的创新意识，就要敢于"异想天开"。在那些丰富奇妙的想象与理想中，往往会孕育出意想不到的创新思想。比如莱特兄弟发明飞机，就是源自童年时的异想天开。当然，梦想又往往和现实有着遥远的距离，所以大家还需要为实现梦想付出汗水，把梦想当作自己生活的目标，每天为了这个目标而努力学习，勤奋工作，一点点缩短现实与梦想的距离，最终才能把梦想变成现实。中学生在这个创新的过程中，不要被眼前的困难和挫折打倒，只有这样，才能不断地提高创新能力。

　　创新能力需要有独立自主的精神。调查表明，具有这种精神的人，善于发现问题、提出问题、富有独立见解、喜欢个人钻研并勇于迎接困难任务的挑战，不追求个别人的赏识或称赞而学习、工作。爱因斯坦曾说过："我想，权威的意见固然很重要，但是科学比权威更重要，也可以说，它才是权威，我只听它的。"只有具备了独立的精神，才能不被权威所束缚，勇于发现，勇于实践。

　　要善于发现问题，提出问题。古人云："学源于思，思源于疑。"疑问是思维的动力和发现的钥匙。心理学研究表明，保持问题意识是产生创新思维的条件，有一种探究的欲望，大脑处于高度的敏感状态，这种状态有利于思维的发展。中学生在学习过程中，总是处于被动状态，以教师为中心的，这样被动地思考问题，会致使自己发散性思维和自主性受到影响，会限制了创新意识的发展，很难使学习能力得以充分的发挥。所以，中学生朋友们，要掌握学习的主动权，做学习的主导者。

　　中学生还要养成勤于观察和勤于思考的习惯。观察与思考是获得创新灵感的源泉。观察是前提，思考是加工整理以获得新知识的必要环节，对观察材料的思索可迸发出创新的火花。所以说，思维者的精神是世界上最美的花朵。这是中学生获得发展的一项重要武器。

　　要培养创新能力就要保护好自己的好奇心。强烈的好奇心是从事创造性活动的人所具备的基本素质之一。人们所说的"才能"，在很大程度上就是指一个人能够看到其他人所不曾看到的，能够理解或感受其他人所不曾理解或不曾感受到的，并把这一切传递给别人的本领。中学生在生活和学习中，要养成遇到爱问"为什么"的习惯。知识都是由不知到知之的过程，只有探索的精神，才能获得真理。许多伟人的成功都是源自于这种好奇心。例如，瓦特就是在人们司空见惯的水蒸气顶开壶盖这一平常现象发明了当时世界上最先进的蒸汽机。

可见，具有创新能力，可以使人想到别人想不到的，那么，所树立的理想也就非他人所能比的了。

6.让想象为理想插上翅膀

世界上没有绝对的可能性，某一个不切实际的幻想，可能在几十年甚至几年之后就会变成现实。莱特兄弟曾树立了一个理想，想象像鸟儿一样飞上天去。别人笑他是痴人说梦，不切实际。但是莱特兄弟以满怀的热情实现了他们的理想，他们制造出第一架飞机的时候，飞行已不再是人们的一种奢望。世界上没有做不到的事情，只有想不到的事情。只要敢想，一切皆有可能。

这就要求人们有活跃的想象力。理想的客观必然性就是理想作为一种想象，正确的反映客观实际，正确的反映现实与未来的关系，合乎事物变化和发展的规律，经过努力得以实现的。想象是理想的一对翅膀。只要有了想象，那么理想就多了一对飞翔的羽翼，理想的天空就会更为广阔。可见，想象力的培养对于中学生理想的树立有着积极的作用。

§想象的重要性§

在某学校的一次考试中，考卷中有这样一个问题："雪化了是什么？"这个问题百分之九十九的人都知道，非常简单的说出是"水"。但是，老师却在这些考卷当中，发现了唯一一个回答错误的人。这个孩子给的答案出人意料："雪化了是春天。"这个答案有错吗？客观的说，这个答案在本质上并没有错。但是，老师却给了孩子一个大大的"X"，究其原因，它与标准答案不符。

虽然这个答案想象力很丰富，但是和标准答案不符，只能算作是错误的。这种做法，像一把锉刀一样，把孩子们的想象力一点点地磨掉了。

很多人对此不以为然，但是，这对学生心理的危害是相当大的。想象力是指对头脑中已有的表象进行加工改造，创造出新形象的过程，简言之，就是人的形象思维能力。想象力是创造力最本质的内涵，没有想象力就意味着创造力的贫乏。爱因斯坦认为："想象力比知识更重要，因为知识是有限的，想象力概括着世界上的一切，推动着进步，并且是知识进化的源泉。严格地说，想象力是科学研究中的实在因素。" 21 世纪是开创人类创造力的世纪，将自己造就成"创造、开拓型"的人才，是时代赋予青少年的历史使命。所以，中学生必须要为自己插上想象的翅膀，激活并培养自己的想象力。

同时，想象力是人的智力活动中十分重要的一项内容。俄国教育家乌申斯基说："强烈的活跃的想象是伟大智慧不可缺少的属性。"著名物理学家爱因斯坦创立"相对论"，就是采取所谓"思想实验法"，在充分发挥想象力的基础上，经过反复的探索和推导而成的。所以，后来有一位物理学家在评价爱因斯坦时说："作为一个发明家，他的力量和名声，在很大程度上应归功于想象力给他的鼓励。"世界著名作家歌德小时候，他母亲常给他讲故事，但他母亲讲故事的方法比较独特，总是在讲到中途的时候停下来，为小歌德留下一个想象的余地，让他自己发挥想象，继续说下去，这就很好地激发和保护了他的想象力，使歌德后来成为了举世闻名的大作家。现实生活中的许多发明创造，都是从想象开始的。

没有想象，生活将是贫乏的；没有想象，就不会产生伟大的理想；没有想象，现存的许多东西就不会真实地出现在我们的面

前。中学生们应该懂得，尽管有些幻想被人斥之为"想入非非"，其实，想入非非未必非！在古代，"点灯不用油，耕地不用牛。""用从月亮上取回的土种庄稼"等，无疑都是想入非非的幻想，然而通过人们艰苦的创造性劳动，这些幻想都变成了当今的现实。所以，想象是极为可贵的，它也是衡量一个人创造力强弱的重要标志。

§放飞想象§

想象对于中学生是如此重要，那么该如何培养提高自己的想象力呢？其实，方法很简单，只要在生活中多留心注意，你很快就可以成为一个"想象"高手。

中学生在生活中要经常学会摹仿。摹仿是培养想象力的关键一步。正如你想写得一手漂亮的钢笔字，那么，你就要先一笔一画的临摹钢笔字帖。其实，摹仿本身就是一种"再造想象"，你摹仿得越像，越说明你的再造想象能力强。摹仿的过程就是你抓住事物之间的外部和内部特点的联系过程。通过这种联系，你就能逐渐认识事物之间的某些必然的联系与特征。掌握了这种方法，你就会自学地把一种事物和与之有联系特征的另一种事物加以对比，其实在无形中你已经是在想象了。但是，在这里必须要明确一个概念，临摹并不是抄袭，而是将别人的东西经过自己的头脑加工，再现出来，使之成为自己的思想。许多成功人士的成功之路都是由临摹别人作为开始的，然后在吸取别人精华的基础上，逐渐形成自己独有的东西，最后走出自己的路来。这就是想象力发展的过程。

提高自己语言文字的积累与文学素质的修养。想象以形象形式为主，但离不开语言材料，特别是需要用口头语言或书面语言将想象的内容表述出来时，语言材料起着重要作用。因此扩大自己的语

言积累与文学修养是必不可少的。中学生正处于学习阶段，这为语言能力的提高提供了一个绝佳的学习环境。例如，经常背诵一些名言名句，摘抄一些文章名段，利用休闲时间翻阅。这样做可以拓宽自己的想象天地，增加想象的细密程度和丰富程度，能够促进青少年想象力的发展。

要经常参加各种益智活动，培养广泛的兴趣爱好。"闭门造车"成效不大，只有多参加实践活动，多动眼、动手、动脑，想象的机会多了，才能培养有丰富的想象力，尤其是创造性活动。如绘画，讨论会，辩论会等。这样既能扩大自己的知识面，又能完善个性发展，开阔思路，使想象也有多样的领域，多方面的角度，一举而多得！

要培养自己的观察能力。观察力的强弱直接影响到一个人的想象力。观察力越强，越可以捕捉到别人看不到的东西，或一些小细节，并且能够洞悉事物的内在属性和本质。只有抓住了这些，才能为想象提供客观基础，而不致使其成为不切实际的幻想。俄国著名生理学家巴甫洛夫就曾在他实验室的墙壁上题道："观察，观察，再观察。"那些伟大的文学家和发明家就是在不懈的观察中悟出事物的特性和本质联系，从而"想象"出一个又一个艺术形象或科学新知的。正如培根所说："我们这些具有人的精神的科学家们应当实验、实验、永远实验下去。"而科学家们正是在这样的信念的支撑下培养了丰富的科学想象力，完成了一次又一次的社会飞跃。

培养想象力，要明白想象不可能脱离现实而独立存在。不可否认，想象确实都有不同程度的脱离现实，但是他们都是以现实为基础的，是对客观现实的一种反映。某些想象的东西，虽然从总体说可能是十分荒诞的，是现实世界中没有也不可能有的，但构成这个整体的材料，却总是来源于客观现实。尽管现实中没有猪八戒，但猪头、人身、五齿耙、猪八戒穿的衣服、语言等构成猪八戒这个完

整形象的材料，现实生活中都是有的。这种想象是来源于对于现实事物的加工，是以丰富的知识为想象的基础。而那些毫无科学依据，漫无边际的想法只能成为空想，永远不可能变成现实。

　　想象丰富人们的理想观。有了想象，才让中学生们的理想更为宽广，人生之路才能越走越宽。

7.让激情为理想燃起一把火

哲学家黑格尔说："没有激情，世界上任何伟大的事业都不会成功。"激情是对人生理想的追求而产生的兴奋、力量和奉献。人生不能没有激情，就像鸟儿不能没有翅膀一样。充满激情的人，对于任何一件小事都力求做得最好，无论多平淡的生活也会用认真的态度来对待。因为他们知道，现在的每一件小事，每一次努力，都是成为未来的基础，都是通往成功的铺路石。

中学生在追求理想的过程中充满了挫折与乏味，需要一种强有力的力量来支撑，而激情正是点燃理想的这把火。只有对理想、对生活充满激情的人，才会有前进的动力，才能坚持不懈地走下去；充满激情的人呈现的是一种积极乐观的精神面貌，他的生活到处充满阳光，前途也是一片光明。如果我们把生命比喻成一座正在喷发的火山，那么，理想便是那响彻云霄的信使，激情则是变成让整个世界都因此而畏惧、深感振撼的力量！如此，即使不久火山将熄，它也会因此而成为一道永垂千古的靓丽风景线……中学生们一定要记住：只有激情才能实现理想与成功。

§激情是一种力量§

激情是一种难得可贵的力量，它能调动起人生中的一切力量，

为着一个目标不断的鞭策着你前进，并且融化一切困难与挫折。正如西点军校将军戴维·格立森所说，"要想获得这个世界上的最大奖赏，你必须拥有过去最伟大的开拓者所拥有的将梦想转化为全部有价值的献身热情，以此来发展和展示自己的才能。"理想的实现离不开激情的燃烧。

激情是促使人们获得成功的一个重要条件。著名棒球运动员杰克·沃特曼正是凭借着他自己的激情，创造了一个又一个奇迹。

杰克退伍之后加入了职业球队，他立志要在此闯出一番大事业。但是因为他的动作无力，不久球队经理就要让他离开，这让他受到了前所未有的打击。球队经理对他说："你这样慢吞吞的，哪像是在球场混了20多年。杰克，离开这里之后，无论你到哪里做事情，若不提起精神来，你将永远不会有出路。"在这之后，他又加入了亚特兰大球队，月薪也由原来的175美元降到了25美元，这样的薪水变动，更加打击了他做事的积极性。

但他没有认输，他决定按照球队经理的意见去试一试，打起精神来，好好的参加一场比赛。大约10天之后，一位名叫丁尼·密亭的老队员把他介绍到罗杰斯曼顿镇去。在罗杰斯曼顿镇的第一天，他的一生有了一个重大的转变，他成为了比赛场上最有激情的选手。杰克在回忆这件事时说："我一上场，就好像全身带电一样。我强力地击出高球，使接球手的双手都麻木了。在后来的两年里，我一直担任三垒手，薪水加到当初的30倍。我之所以能够取得如此大的成就，是因为我有一股激情，是它一直在支撑着我。"

从上述的案例中我们可以看到，一个人光有理想是远远不够的，如果没有实施理想的力量，那么最终也只能以失败而告终。生活中，人们往往在情绪激动时闪烁出智慧的火花。青年人比老年人更富于想象力，原因就是青年旺盛的热情和容易激动的性格。据说，人在情绪低落时的想象力只有平常的二分之一甚至更少，这时人们主观上根本就不愿去多想。所以，中学生在树立了理想后，要紧紧抓住激情这一有效的法宝，才能不断的前行，向理想的实现靠近。

如果你立志做一位科学家，那么就要对科学事业倾注你全身心的热爱之情；如果你立志要做一位诗人，就要对生活充满着激情，才能在生活中看到闪光点。一只苹果从树上掉下来实属屡见不鲜，人们几乎可以随时随地看见墙上挂着的世界地图，但是为什么只有牛顿从掉下的苹果中想象到一种看不见的力量，为什么只有魏格纳才从墙上的世界地图想象到世界海陆的最原始分布？原因就在于他们对对理想、事业的无限热情，把自己随时随地都放在了自己的理想当中，一直在用心去描绘理想的蓝图，正是激情给了他们成功的力量。

激情是中学生必须培养的一种难得可贵的品质。正如比尔·盖茨所说："要想获得这个世界上最大的奖赏，你必须像最伟大的开拓者一样，将所拥有的梦想转化为为实现梦想而献身的激情，以此来发展和销售自己的才能。"中学生也要如此来要求自己，用激情为自己的理想点燃熊熊烈火，用100%的激情去做1%的事。

§点燃激情之火§

有这样一个故事：有人问三个同时在砌墙的工人："你们在做什么呢?"

第一个工人白了他一眼，没好气地说："没看到吗? 砌砖呢。"

第二个工人回答说："我在赚工资呢。"

只有第三个工人笑着回答他说："我正在建世界上最富特色的房子。"

十年之后，前两个人依旧在炎炎烈日下砌墙，而第三个人则成了他们的老板。

态度决定一切。把事情当作是一种人生必须的负担，一个人如没有做事的激情，那么他将永不可能达到成功。前两个工人不知道，手头的小工作其实正是大事业的开始。第三个工人对自己的工作充满热情，因为他知道，每一天的辛勤努力，都能够使自己更上一层楼，最终到达事业的顶峰。卓越的人，便是在思想上或在行为上最有追求的人。理想是生命的源泉，凡是内心存有激情的人就会看见生命的光华，他相信理想会在激情的滋润下成长，最终美梦成真。

中学生如果没有理想，将会失去奋斗的目标，使自己碌碌无为地度过一生。而大多数中学生还是朝气蓬勃的，他们对未来充满了憧憬，心中拥有理想，然而很多都是活在幻想当中，缺少为之奋斗的精神和动力。这么看来理想这两个字就是纸上谈兵，毫无用处。所以中学生要为实现心中的理想而拼搏，必须靠平时的一点一滴积累起来确定目标，朝着这个目标前进，以饱满的热情去迎接一切挑战。

中学生缺乏的往往不是学习能力，而是点燃这种能力的火种，——学习的激情。每天充满激情地早早醒来，做好规划，你就会离理想近一点；每天充满激情地迎接身边的每一个人，你就会离理想近一点；每天充满激情地关爱和帮助需要帮助的人，你就会离理想近一点，每天充满激情完成一个个小目标，你就会离理想近一点。当你以激情填充完整人生的时候，你的理想一定可以实现。

当然，这里的激情并不是一闪即逝的星星之火，它需要持之以恒的燃烧。史圣司马迁矢志修史，在漫长苦闷的生活道路上，以超人的毅力忍辱负重，终于完成了不朽的杰作；化学家诺贝尔的炸药实验使自己负伤，亲人丧命，但仍旧坚定不移的工作。要使激情有如燎原之火一样，永远不会被任何的挫折和困难所扑灭。

理想是驾驭人生的航舵，行程的路上总会有暗礁和搁浅。但是，中学生们不要因为一点失意就甘愿让青春殉葬，而要让青春成为自己理想的试验场，让激情的燧石猛烈的碰撞，这样它就会在黑暗中迸发出炫目的光芒。生命对于每个人只有一次，面对如此珍贵的生命，身为中学生的你应该装上理想的翅膀，放飞激情，在生活的岁月中尽情的徜徉。

8.目标为理想导航

任何人都有理想，但是理想对于每个人来说有时又太过遥远，太过虚无。如果理想太大，反注定会成为人生旅途中不堪的重负，人生路上我们会无数地碰到逆境，也会被逆境，欺凌甚至碾得粉身碎骨，那时候我们会觉得自己永远实现不了自己的理想。这个时候，我们要学会将这个庞大的目标逐一分解，当理想分解成为一个个近在眼前的小目标时，理想也就不难实现了。

处在青春期的中学生朋友们要学会把理想划分为阶段性的小目标，每一个小目标的实现都是对远大理想的接近，都能激励人去追求下一个目标。要知道大目标都是从小目标开始的，否则生活就会找不到出路和方向，犹如走进了迷宫。没有理想的人生是可怕的，而空有理想却没有目标的人生是可悲的。因为目标是引领理想前进的罗盘针，没有目标为理想导航，你终会在理想中迷失自己。

§目标是理想的罗盘针§

一支探险队到撒哈拉沙漠去考察，不幸的是他们在沙漠里迷路了。由于气候非常炎热，很快他们带的水已经不够喝了。面对茫茫的沙海，队员们充满了恐惧，眼看大家都要困死在这里时，探险队长拿起一只水壶说："这里还有一壶水，但是我们要在看到绿洲时，才能喝它。"水壶在队员们手中传递，那沉沉的感觉使队员们感到，只要走出了这片沙漠，就可以活下去，探险队顽强地走出了沙漠，脱离了死神的控制。当大家喜极而泣时，队长走过去拧开了支撑他们走出沙漠的"水"，队员们愕然的发现，原来是一壶沙子。

是这一壶"水"的目标给了他们支持下去的勇气。目标推进理想，是实现梦想的罗盘，它能给人无穷的动力，走出困境，到达成功的彼岸。如果说社会是大海，那么人生就是在浩瀚大海中漂泊的小船，而理想，就是指引小舟的航向；信念是推动小舟前进的风帆；目标则是指引你前进的罗盘针。正是因为有它的指引，才能使你不至于在人生的道路上迷失方向。如果没有航向，没有推动小舟前进的风帆，那么这小舟将迷失方向永远在广阔无际的大海上漂泊不定，找不到一个理想的港湾。生活常识告诉我们，要想成为一个安全的驾驶者，必须有明确的前进目标，知道自己要往哪里去，怎样才能有效率地达到目的地。否则，将无的放矢，在十字路口左顾右盼，坐失良机，事倍功半。

其实，每个孩子的潜意识里都在编织着梦，有的要当科学家；有的要当飞行员；有的要当艺术家；有的要当明星等。正是这些伟大的梦想支撑着我们从小学到中学，甚至一生的漫长路程。但是，当你没有目标时，你会一片茫然，也不会有更好的前景。

曾有人在哈佛大学做过一次调查研究发现：27%的人无自己的目标；60%的人有着淡薄的目标；10%的人有着清晰但短暂的目标；3%的人有着清晰而长远的目标。20年后，再来看看那些人：27%的群体，生活不如意，经常失业，只能靠社会救济金度日；60%的群体，工作安稳、生活幸福；10%的群体，在自己的工作中有着不小的成就，有着一定的权威；3%的群体，成就一番大事业，甚至有些还成了伟人。那么，为什么这些人会有如此大的差别呢？最重要的原因就是他们之间的目标意识的差异。可见，目标对于中学生的成长是何等的重要。有了明确的目标，才能时刻促使自己把全部

力量集中起来，为实现目标坚持不懈，而不会被其他事物干扰，也不会被一时的挫折吓倒。

罗马俱乐部创始人奥利奥·罗佩西说："大目标下应有许多具体的分层次的小目标。目标越小越具体，可操作性就强。目标只有具有可操作性，才是真正的目标，不能操作的目标是无法实现的空想，还不如没有目标。"成功者就是对于小目标的不断追求，在到达一个目标后，就要达到比这更高一级的目标，慢慢"攀登"才会获得如今的成就。每追求一次目标，也就是给自己施加一次压力，只有在这种紧张的氛围下，人才会进步，才能逐步实现自己的理想。相反，如果一个人心中只装着一个远大理想，没有把理想划分为阶段性任务的小目标，对生活中的每天甚至每小时没有具体的规划，那么这样单位时间的成果就会趋向于最小值，那么理想的实现也就会遥遥无期了。

有一位成功的银行家说："世界上成功者总是少数的原因在于，那些成功经验者们明确知道自己的生活目标，并付诸行动，坚定不移地向目标迈进。"目标是对于理想的具体化，只有在明确目标的指引下，才能不断地接近理想、实现理想。

中学生在树立了自己梦想的同时，还要学会将梦变成目标，确立一个大的目标，然后再将它分解成一个个具体的小目标。根据计划以及努力的奋斗，直到实现梦想为止。

§认准目标，实现理想§

面对同样的理想，为什么有的人最后成功了，有的人却失败了？著名学者钱钟书在清华大学读书时，为了更广泛地汲取知识，对自己做出了"横扫清华图书馆"的承诺，制定了每天坚持进阅览室看书的目标。在这个目标的激励下，他勤学苦读，笔耕不辍，最终成为一位大学者。其实，答案很简单，因为他们知道自己面对远大的理想时，每天该做什么，如何做，对于理想的实现有一个明确的计划。

那么，中学生在追求理想的过程中，该如何制定自己的小目标呢？

首先，必须选对正确的目标方向。有个成语叫"缘木求鱼"，意思是说，一个人爬到树上去找鱼。鱼怎么可能在树上呢？显然，这人是不可能找到的。虽然他十分努力，又耗力气去爬树，但是他的方向、方法错了，就不能达到目的。做任何事情都要明确它的方向，不能像无头苍蝇一样乱飞，否则很容易南辕北辙，付出了很大的努力，最后反而会产生相反的结果。所以，我们要像上了弦的弓箭一样，要对准靶心，只待蓄势而发，一击即中。

其次，中学生制定目标的时候，一定保证其合理性，目标不可过大，太模糊，否则不能达到理想的效果。"天下大事必做于细，天下难事必做于易。"人们容易接受短期、具体的东西，而不容易受远期模糊的东西影响，这是人的心理规律。一个目标再伟大，如果离你太远，你就只能说说而已，而不会真的去实施。而且制定这样的"大目标"容易使自己产生挫折感。一方面大目标容易使自己觉得太高而轻易放弃；另一方面，目标过大，会使自己的"成就感"降低，会因为目标大而成绩小，丧失了努力的动力。这样，宏远的目标就容易成为一句"空话"。因此，在学习和生活中，你尽可能的把远大的目标分解成每天该做的任务。走好每一步，抓紧一点一滴，才能在不断的努力中积累出最后的辉煌。

第三，要明确功利性的目标不是理想。从理想的角度来说，所有物质性的目标都是手段，只能是实现自己更高理想的手段。追求财富是一个人的生存需要，这无可厚非。但是，有一种人，把追求物质财富、追求金钱，作为人生主要的、唯一的目标；而另外一些人把追求这些东西作为保证基本生活质量的手段，这个要求实现以后，又把它作为实现自己更高人生理想的手段。这两种人对于财富的态度即看出了功利性目标与理想的真正区别。青

少年要摆脱拜金主义的误区，要把财富与物质性的东西看成理想实现的手段。如果把它当作是目标，那么这样的人将与理想无缘，而成为金钱的奴隶。

当然，任何目标的实现都离不开努力的奋斗。马克思说过："在科学的道路上没有平坦的大道，只有那些不畏艰难沿着崎岖小道攀登的人，最终才能到达光辉的顶点。"锲而不舍，金石可镂，崇高的理想永远不在好高骛远的幻想王国里，而在脚踏实地的奋斗之中。顺着目标这一阶梯，中学生必能达到理想的巅峰。

9.理想的实现需要冒险精神

雨果说："理想是具有冒险性的。"冒险才能出人头地，世界
上很多领域的成功人士，都是靠着勇敢去面对他们所畏惧的事情。
而且利用投资致富，实现梦想的人也都是以冒险的精神作为后盾。
而那些本来有机会可以在生活中做出成绩人们，却因为害怕失败和
嘲笑而从不敢冒险走出自己的安适地带。这也正好印证了奥斯卡·
王尔德的箴言："一个人永远不会变老，除非他用悔恨代替了梦
想。"然而，只要你愿意为了实现梦想而进行必要的冒险，梦想就
会闪耀不灭。要知道，处处小心谨慎，难以有大成就。缺乏一定的
冒险精神，梦想将永远都只是梦想。中学生们放手去实现你们的理
想吧，如果你完全不冒险去做，最终会离成功越来越远。

§想成功，就得有冒险精神§

美国康奈尔大学的威克教授曾做过这样一个实验：他抓了几只
蜜蜂，把它们放在了一个敞口的瓶子里，并把瓶子平放在桌上，瓶
底向着有光亮的一面。见蜜蜂只向着有光亮处飞动，不断撞在瓶壁
上。最后它们不愿再费力气，停在光亮的一面，奄奄一息。而后，
威克教授又扑了几只苍蝇，按照原样重新做了一次。然而，不久所
有的苍蝇都成功地飞了出去。因为苍蝇并不是同时朝一个固定的方

向飞，它们多方尝试，尽管碰壁了也不曾放弃。它们用自己的不懈努力避免了像蜜蜂那样的命运。

在这个实验当中，威克教授总结了一个观点：横冲直撞总比坐以待毙要高明得多。其实，很多时候成功并没有秘诀可循，就是在不断的实践当中，尝试再尝试，直到成功。有的人成功了，是因为他比我们犯的错误、遭受的失败更多。然而，有的人总担心失败，总会找出很多合理化理由，来使自己不去冒险，最后，他们一事无成。有的人总害怕困难，将一些很有意义的事，推给了别人，但当别人成功后，他们又开始后悔，后悔当初不该……

其实，做任何事都是有风险的，而且风险往往与成功成正比。风险越大，获得的成功就会越大。风险可能会导致失败，但如果你能化险为夷，那么你获得的回报率将远远比不冒风险做事所取得的回报率高得多。如果一个人缺乏冒险精神，便容易墨守成规，不敢去体验陌生的事物。这样的人，就会缺乏创造精神，很难有创造性的发明，就是革新也不敢自己首先尝试，这样便成了碌碌无为的平庸之辈。

冒险精神是中学生们在追求理想的过程必不可少的一种品质。冒险就是向自我挑战，它是成功的开始。中学生所处的阶段挫折较小，这就使自己容易安于现状，而不敢去尝试新的东西，在追求理想时稍有挫折便止步不前，这时冒险精神是唯一可以解救他的武器。向自己挑战！让自己的思想更成熟，让行动更果断，让自己成为一个伟大的人。如果你这样去做了，你的生活会更富裕、充实，更激动人心。一旦开始冒险，一个充满机会的世界将展示在你面前。虽然，不一定每次冒险都会获得成功，但是可以断言，那些不敢冒险的人往往会失去机会，很难有前途。

青少年在成长中总是被告知：付出总会有回报。冒险也是如此，你付出的心力越多，得到的也会将越丰盛。科学、宗教、商业、教育……所有这些行业都在呼唤那些勇敢地面对现实、敢于冒

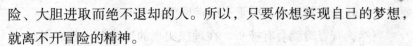

险、大胆进取而绝不退却的人。所以，只要你想实现自己的梦想，就离不开冒险的精神。

想要成功就要有冒险精神，不愿意冒风险，实际上就是躲进避风港。只有敢于承担风险的人，才能抓住上天赐予的机遇，奋起拼搏，取得成功。

§放手去实现你的理想§

一个登山队去征服瑞士高峰，因为气候不好不幸发生了山难，只有一位法国队员被救了回来，记者问这个队员："请问，你为什么要坚持爬那座山？"法国的登山队员，在坚毅的眼神透露了一切："为什么？因为山在那里！"这就是他的理想。在爬山之初就知道了其中的风险性，但他还是坚持了下来，这就是冒险精神。困难在你前方就得设法去突破，实现你的理想不要怕慢只怕站，你的进度纵使缓慢，但仍然在前进。但是如果你害怕风险而不愿尝试，便是原地不动。

理想的实现不能没有冒险精神。机会总是稍纵即逝的，如果你总是要等到事情十拿九稳的时候才去做决定，那么我们就有可能永远停滞不前。事情做错总是难免的。聪明的人会时刻保持警惕，并且设法去预防发生，但不会是裹足不前，他们会冒险地去试、去闯、去努力。正如一位著名商业巨子所说："想要等到资本积累够了才去做生意的人，肯定是做不出什么大生意来的。"中学生的成长之路也是如此。任何的理想成功之路都是潜伏在险滩之上，只有具备勇气去挖掘，才能够发现它。

我们每个人身上都有着无穷的潜能，中学生们要尤为注意，做任何事情都不要被表象所蒙蔽，而认为自己不行。其实，很多时候你的才能是被现实的平庸的作为掩盖着，只有具备冒险意识，无所畏惧，勇于探索和实践，你的潜能才可以发挥出来。所以，中学生

要勇于放开自己的双手，勇于去追求理想。

当然，有冒险就会有挫折。在理想实现的道路上，要经得起挫折的考验。在人生道路上，理想和挫折是伴侣，没有任何一个理想不是挫折的姐妹。用挫折的泪水和苦液才能浇灌培养起参天的理想之树。挫折是一笔巨大的财富，成功的人生是经过挫折后的重生。鱼儿需要游弋于大海，接受惊涛骇浪的洗礼，才会有鱼跃龙门的美丽传说；花儿需要阳光的沐浴，接受狂风暴雨的考验，才会有娇艳的花朵，人也一样，需要驰骋于荒原，接受荆棘的磨炼，才能造就辉煌的人生。凡是有理想和抱负的人，为了探寻实现理想的途径，往往饱经挫折，倍受磨难，但从不放弃自己的追求，从不屈服厄运环境带来的压力，他们用自己的行动和顽强的拼搏精神，谱写了崇高的理想之歌。中学生不要因为暂时的搁浅就放弃理想的远行，只有经历过风雨才能看到彩虹。

敢于冒险，敢于实践，才能踏出理想的步伐，才能实现到达成功的彼岸。

第二章　孜孜以学

——知识储备的使命

学习——中学生的任务和使命。其实学习可以不辛苦的，只要你有好的学习方法和学习策略！

好的学习方法＋好的学习心态＋好的心理素质＝好的学习成绩。所以，对于处在学习关键阶段的中学生来说，掌握正确的学习方法是十分重要的，如制定好的学习计划，合理地利用时间、克服厌学情绪、提高自己的阅读能力和记忆能力、培养良好的思维能力等，使自己从苦学、好学过渡到会学。

1.周密的学习计划不可少

人生道路的决定往往取决于最为关键的几步，高考就是最为关键几步之一，而决定高考成败的主要因素在于：学习过程中知识的积累和吸收。如何能更好地学习也成了众多学子们的心结所在。事实上，学习也可以称为一门艺术。他的艺术美在于内外的和谐与平衡，如何高效地学习？如何调整好学习状态？如何在有限的时间里发挥最大的潜能？这都是门学问。而制定一个周密的学习计划，则是最好的、最有效的学习方法。

§制定学习计划的必要性§

高尔基说："不知道明天该做什么的人是不幸的。"有些学生对待学习毫无计划可言，他们认为，学校有教学计划，老师有教学计划，自己只要跟着老师走，什么事都照办就行了。这种"脚踩西瓜皮，滑到哪里算哪里"的学习态度，是不可取的。要知道，学校和老师的教学计划是针对全体学生来安排的，每个学生的学习进度和学习能力不同，所以，制定一个针对自己的学习计划是十分有必要的。

对中学生来说，有一个确切的学习计划，要比无学习计划要好得多，其利处是：

学习目标明确。学习计划就是在某个时间段采取什么方法或是行动来达到学习目标的一个形式表。有计划的学习能够使学生自己明了什么时间做什么事情，短时间内就能达到一个小目标，长时间内达到一个大目标。按计划来学习，在长短计划的指导下，使学习能一步步由小成功跨向大成功。

学习任务的有序进行。有了一个明确的计划后，就可以有条不紊地进行学习安排。在一定的时间内，对照学习计划来检查自己的学习进度，可以明确自己学习方法的优缺点，做到优点继续发扬，缺点努力改进，让学习一直处于上升趋势。

有利于良好的学习习惯的养成。有意识地按学习计划学习，久而久之，便会养成良好的学习习惯。习惯养成后，就有利于锻炼克服惰性、克服困难的精神，无论碰到什么困难都能按计划完成学习，达到规定的学习目标。

提升计划能力。这种有条理的学习、休息，养成生活习惯后，就会对生活中的小事做到有计划的安排，这样不仅对于学习，对于任何事都能进行有条理的计划安排。这种能力对一个人的一生都有很大的益处。

另外，在制定学习计划时要注意周密性。其周密性主要是目标的明确性、可行性和具体。

明确性是指计划的学习目标要便于对照和检查。如："以后要努力学习，争取获取好成绩。"但是，如何努力？考第一名要付出多少努力？哪方面要多用点心？这些都不明确。如果改为："语文数学要认真复习，英语成绩争取考到全班前五名。"这样目标就明确多了，以后是否能达到就有标准可检验了。

可行性是指对学习目标的度的把握。学习计划的目标定的过低，不费吹灰之力就能做到，这样不利于自己潜能的开发和学习的进步提高。过高了，自己能力有限，最终不能达到高高在上的标准，这样很容易让人失去自信心，最后让计划成为一纸空文。所以，制定计划时，要从自己的实际情况出发，制定一个通过努力能达到的目标。

具体是指目标便于实现。如何才能达到"英语成绩在全班前五名"呢？可以具体化为：每天早上提前半小时起床背 20 个单词，晚上做 10 道复习题，这样单词和语法有没有掌握就有检查方法了，这样有利于计划的改进和更完善化。

§如何制定一份周密的学习计划§

如何制定一份周密的学习计划呢？

首先，要进行自我分析。中学生每天都在学习，但是有很多同学从来没有想过自己是如何学习的。因此，制定学习计划前要先了解自己的学习特点。

在制定学习计划时，要先仔细回顾一下自己的学习情况，找出自己独特的学习特点来。每个人的学习特点都是不同的，有的记忆力较强，学超额完成的知识不容易遗忘；而有的同学理解分析能力比较好，老师说一次就能够明白是怎么回事；有的同学则动手能力强……这样分析后，就可以针对自己的学习特点来合理安排学习内容。

分析自己的学习进度。和同年级的同学相比，明确自己的成绩在班级中的位置，是上等、中上等、中等还是中下等。用自己现在的学习成绩和以前相比，检验自己的学习进度是进步大，还是有一点进步、保持原状、有退步、退步大等。

其次，学习目标的确定。学习目标是每个学生学习的努力方向，合理的学习目标能催人奋发向上，从而产生为实现这一目标而努力的动力。没有学习目标，就如同没有目的地在海中飘的一艘小船，飘到哪是哪，对其而言，永远没有成功与失败。推及到学习中去，这无疑于对学习时间的极大浪费。

确定好学习目标后，要合理而科学地进行安排。要注意两点：

1. 重点突出。也就是要根据自己的学习特点来制定出对自己学习提升的有效方法和措施，如数学成绩较差，在时间上对这一科要多安排些时间，这样才能达到目标给予保证。

2. 时间要合理。在制定计划时，既要考虑到学习，也要考虑到休息时间和活动时间，既要合理安排课内的学习，还要巧妙地搭配课外的时间，另外还要考虑到不同科目的时间搭配。找出每天学习的最佳时间段，如早晨大脑处于清醒状态，有利于记忆和思考；晚上学习效果要好些，重要的学习任务可以安排到晚上，此外还应注意文理科时间搭配的合理化。

有了计划后，就要行动。若不按计划学习，那么这个计划则是没用的。为了让精心制定的学习计划不落空，可对计划的实行情况定期检查。可以制定一个学习检查表，在什么时间完成了什么任务，处于什么程度，列成表格以便对照。然后根据检查的结果及时对计划进行调整和修改，让计划越定越周密，当效果越来越好时，学习成绩就自然会越来越优异。

2.课前预习很重要

青春是感性的，学习是理性的，然而它们之间并不是完全不可调和的一对矛盾。学习是青春的一项任务和使命，中学生有责任去完成这一神圣使命！

21世纪是以知识为核心的时代，是以人力为主的时代。作为未来竞争浪潮中的掌舵者——中学生，更要把学习放在第一位。学习是一种责任和使命，是我们每一个人必须承担的社会责任。然而，如何轻轻松松把学习学好才是最重要的，也是最受中学生们关注的一个问题，其实学习只要掌握了方法和策略，很容易就能把学习学好的。比如课前预习，在提高学习成绩上就显得尤其重要。

预习是课堂教学的准备，即在上课之前对课本内容做预先学习的方法。预习可以做到心中有数，主动学习可以增强独立思考和自学的能力；预习可以使学习者经常性地去思考问题。因为在预习时，总会遇到许多新问题，当新问题出现在人们面前时，人们的第一行动就是想办法去解决它。因此，这不仅可以提高自己独立解决问题的能力，同时也有助于发现学习中的重点和难点，使学习效果事半功倍。同时，独立思考能力的提高，不仅可以增强学习的兴趣，而且还会在不知不觉中提高中学生的自学能力。所以，中学生要想把自己的学习成绩尽快提上去，就需要养成课前预习的习惯，

否则上课吃力，抓不住重点，跟不上教学进度，课后还要花费更多的时间去补课，岂不得不偿失。

§课前预习的方法§

在上课前，每个中学生都应该问一下自己："今天我预习课本了吗？"也许有好多学生做不到，意识不到课前预习的重要性。一些同学错误地认为，课前预习没有必要，反正老师上课时要讲，上课专心听讲就行了，何必事先多费脑筋，还浪费了许多时间。应该说，这是一种错误观念。事实上，许多同学在学习上花费了不少时间，但忽略了课前预习这一环节，因此导致了学习成绩始终不理想。

有一位高二的学生这样说："记得在念初中的时候，老师就向我们全班同学提出预习的要求，但当时我和许多同学一样，没把它放在心上，觉得反正老师上课时要讲，课前看不看没多大关系，就没有意识进行预习。但进入了高中以后，我明显地感到我的各门功课学得不扎实：往往上课时听懂了，下了课就忘了，觉得很被动。这是什么原因呢？我仔细琢磨，发现重要的原因是因为没有认真预习。在以后的学习中，我渐渐养成了课前预习的好习惯，果然不出意料，我的学习成绩开始直线上升，如今我已跻身全班的前几名了。"由此可见，预习对同学们的学习非常重要。但由于教学内容和要求不同，课型不一，教学路子与方法的各异，预习的方法必然也是多种多样的。具体而言主要包括以下几种：

1. 朗读识记式预习方法。朗读与识记是预习的最低要求，也是最简单的方式。它只需要学生在课前用十几分钟时间，通过反复朗读所学生词、句型及课文，并能初步理解和熟悉课文内容。但正由于它简单，效果往往不是太明显。

2. 材料准备式预习法。预习所准备的材料可以是句型操练需要的语言材料，也可以是会话练习所需要的话题材料，还可以是讨论所需要的对某个问题的意见、主张、看法等。这对中学生来说，也是一种相对简单、方便的预习方法。

3. 听力训练式预习法。这种预习方法主要在于加强听说训练，特别是对于初学者来说。这种预习可以侧重于模仿练习，如字母、音标的读音，单词的拼读、连续、失去爆破，升降调，意群、停顿等练习。

4. 阅读理解式预习法。此种预习方法主要适用于高年级的阅读课，教师通过设计课文预习理解题指导中学生进行课前预习。阅读理解题可分为表层理解和深层理解，前者侧重于课文本身包含的具体材料，后者要求读者对具体材料进行归纳、总结、分析，甚至推理、想象来完成。

总之，中学生要在紧密结合教材的内容和自己实际情况的前提下，把预习作为提高学习的一个重要组成部分，有效地进行课前预习，使预习的作用在学习上得到更好地发挥。

§如何进行课前预习§

预习对于提高中学生的学习成绩来说，确实有很多好处。从心理学角度说，这是因为在预习过程中，可以发现疑难点，从而在大脑皮层上引起了一个兴奋中心，即高度集中的注意力状态。这种注意力状态加深了学生对所学知识的印象，并指引着学生的思维活动指向疑难问题的解决，从而提高了学习效果。既然预习对提高学习成绩起着这么重要的作用，那么，中学生该如何去进行课前预习呢？

1. 选择好预习的时间。预习时间的安排是否合理，决定着预习效果的好坏。预习的时间一般要安排在做完当天功课之后的剩余时间，并根据剩余时间的多少，来安排预习时间的长短。如果剩余时

间多，可以多预习几科，预习时钻研得深入一些；反之，如果预习时间较少，则应该把时间用于薄弱学科的预习。

2. 在预习的同时也要做好预习笔记。预习笔记可分为两种，一种是记在书上，一种是记在笔记本上。在书上做的预习笔记要边读边进行，以在教材上圈点勾划为主。所做的标记应是教材的段落层次，每部分的要点，以及一些生僻的字句。在笔记本上做的预习笔记既可以边读边做，也可以在阅读教材后再做整理。整理的主要内容包括本节课的重点、难点部分的摘抄及心得体会；本节课所讲的主要问题是什么，以及它们之间的前后关系、逻辑关系，预习时遇到的疑难点是什么，自己是如何解决的等等。

总的来说，课前预习是中学生学习新知识、发展思维的重要手段。只要自己能持之以恒、坚持不懈地坚持下去，相信它会在学习成绩方面为你带来意想不到的惊喜！

3.听课方法不可少

一位外国教育家曾经说过："未来的文盲不再是不识字的人，而是没有学会怎样学习的人。"学习方法对一个学生的成绩有很大的影响。正确、科学的学习方法对提高成绩、培养能力、造就具有创新精神的人才具有重大的意义。

课堂是学生获取知识的主要途径，要学习一门科目，听课是关键。学生成绩的好坏，也往往取决于课堂上短短的45分钟的效率。但为何同样的45分钟，每个学生所学到的知识却是不同的呢？事实上，课堂听课是一项艰苦的脑力劳动，只有讲究策略，才能取得理想的成绩。上课时要跟紧老师的思路听讲，听懂老师讲课的内容，把握重点，把自己在预习中的理解和老师的讲解对照一下，检查一下自己的理解和老师讲的内容有哪些出入。听课的目的在于听明白。听明白的关键则在于会听。怎样听课才叫会听呢？

§听课要学会抓重点§

一节课有45分钟，但老师讲课的重点只集中在其中的20分钟，老师在课堂上讲的知识点有很多，但学生要学会在听课时抓重点，这样才能提高听课效率。除了课前预习时，把重点放在自己没弄懂的学习内容上，还要学会抓住老师讲课内容的核心部分。

老师也是从学生走过来的人，他深知学生在学习过程中会碰到难以解决的问题，同时作为为人师者，他深知什么是重点，所以在课堂上也会反复强调学生难以理解和容易出错的地方。老师在多年的教学经验中，累积了许多课本上没有的可以避免出错的方法。对于学生来说，只有上课认真听老师所讲的重点内容，才能更好地掌握知识点，避免出错和少走弯路。

有些学生上课时不用心听老师所讲的内容，结果造成了上课时没学会，或是不知道什么是重点，回家做作业时总是出错，找不到方法。要知道，课堂上老师所讲的重点是任何家教或补习班都替代不了的。上课时开十分钟的小差，课后的两个小时补习班都补不过来。一个智力正常的学生，只要上课时按老师的思路走，抓住内容的重点部分，做到理解掌握，就一定能成为同班中的佼佼者。

还有一些学生认为，听课时觉得对自己用处不大或是自己已经掌握了的知识，就不去听，这是不对的。老师讲课时，传递给学生的知识是多方面，多层次的，有时可能会与课本无关。作为学生没必要全盘接收，只学重点、记难点，过滤掉无用的信息是应该的，也是必要的。抓住重点和要点，要比一味地全部学，效果要好得多。有人曾做过这样一个试验，把学生分三组收听同一内容的录音带，A 组必须把所有的内容全部听完，记好。B 组只听不记，C 组只学重点。结果A、B 两组的学生只记住了学习内容的 37%，而 C 组学生却记住了58%，由此可见，听课抓重点，是最好的学习方法。

§怎样听课才是会听§

做什么事情都必须讲究方法，这样才能收获好的效果，听课也不例外。真正会听课的人可以在众多的知识中吸取重点知识，以提高听课的学习效率。那么，如何听才可以提高自己的听课效率呢？听看并用法、听想并用法、主动参与法、目标听课法等，这些都有助于中学生听课效率的提高。

听看并用法。听是接受声音的信息，看是接受图像的信息。边听边看，在通过声音传递的同时，又结合图像的直观视觉，以便强化知识的印象深度。很多学生在听课时是一边听，一边看，但听和看的并用，并不代表比只听不抬头看的效果要好。听觉和视觉的内容保持一致性时，效果会好些，但若听此视彼的话，那么就很容易分散注意力，知识效果也会顾此失彼。正确的听看结合，要做到以下几点：听，一般指听提问、听讲解、听录音，听范读；看，主要是指看黑板、荧屏、挂图、多媒体画面，或是老师举手投足间的神情姿态。因为老师借助板书、图画、手势等都可以化抽象为具体，使内容变繁为简。最好的方法就是以听为主，以看为辅。

听想并用法。边听边想也不失为一种有效的听课方法。听，一般是被动地接受信息，而想则是主动地去思考。边听边想，可以使被动接受的状态转化为主动接受的过程，并可以加深对知识的理解和记忆。只听不想，只能是囫囵吞枣，知识很难被真正吸收和掌握，更不利于创新式思维能力的培养。听课时可以从这些方面思考：内容的重点、难点在哪里，老师讲的内容自己是否真正明白了，老师的思路与自己的有哪些不同，这篇文章与其他文章的不同点在哪里……以想来促听，能更明白自己的学习进度和状态。

目标听课法。在预习时，把不懂的问题先记录下来，然后在上课时带着问题听课，寻找答案，这样有利于知识的全面接纳。在预习时明白的，上课时再听一遍等于又学习了一遍，有利于加深印象。预习时不明白的，在上课时就应针对这个问题认真仔细地听，若听老师讲解后还是没有弄明白，可以及时向老师提出自己的困惑，直到把问题弄明白为止。有目标的听课，比漫不经心的听课效果要好得多，能帮助你解决在你理解范围内知识的扩展。

积极参与法。凡上课时积极举手发言的学生，大都成绩比较好，而且学习进步得比较快。而部分上课时沉默不语的学生，成绩

也都大多平平。课堂听课，积极地参与其中，是在主动地学习，而只听老师讲，自己互动，这样被动地讲解与接受，效果自然不好。积极地学习，主动地随着老师的思路转，这样可以保证注意力的高度集中，听课效果自然好。

五到听课法。所谓五到是指耳、眼、口、手、脑都随着老师的讲解动起来。多种感觉器官的并用，让身体的多个部位都参与到学习中去，则会产生一种综合的、立体的感受。耳要听老师讲课，听同学发言内容，做到不听错，不走神。眼到是看老师的板书、手势，看书的内容。口到是回答老师所提出的问题，朗读和同学讨论。手到是指圈知识点，做练习，做笔记。脑到是指多思考老师讲解的内容，集中注意力，积极地去思考问题。五到听课法要求学生在听课时做到专心致志，积极地根据学习的需要，适时的调整思维方法。这种听课法，是效果最好的听课方法之一。

听课的方法有很多，没有好坏之分，只要有利于提高听课效率的方法，就是好方法。学生可以根据自身的特点，来选择适合自己的听课方式，这样才能有效地提高自己的听课效率。

下面为你提供一个听课方法自测表：

请根据你自己的实际情况，对下列 10 个问题做出"是"、"答不上"、"否"三种回答。

1. 听完课后能基本上顺利完成作业吗？

2. 你能主动回答老师提出的问题吗？

3. 你上课时能清楚老师讲课的重点吗？

4. 你上课时，注意力集中吗？

5. 在上课时，你有不懂的地方会提出来问老师吗？

6. 你对任课老师的讲解有评价吗？

7. 上课前你能初步了解老师的讲课内容吗？

8. 你是否积极参加课堂的讨论了？

9. 课后你会整理笔记吗？

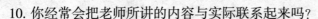

10. 你经常会把老师所讲的内容与实际联系起来吗？

以上 10 个问题，回答"是"的得 2 分，回答"答不上"的得 1 分，回答"否"的得 0 分。将 10 个问题的分数相加，然后对听课情况做出评价：

17 分以上：优秀

13~16 分：较好

8~12 分：一般

4~7 分：较差

3 分以下：非常差

4.课堂笔记不可少

上课时，学生们都在安安静静地坐在教室里听讲，但听讲的方式大不相同：有的学生眼睛一直盯着老师，自己没有任何行动和思想上的活动；有的学生边听边看书；有的学生边听边记笔记。在学习的各个环节上，每个学生都有着自己独特的学习方法。但是在这千差万别的学习方法中，有一点却是相同的，成绩优秀的同学都有记课堂笔记的习惯。

§记课堂笔记不可少§

记笔记是一项手脑并用的学习方法，这对知识的理解和记忆有着很大的作用，也是提高学习效率的一项必备技能。学生在记笔记时应注意结合课本内容进行记录，不可把老师的板书全板照抄。这样的笔记与不做没有多大区别，也达不到提高学习效率的理想效果。

小明坐在第一排，当老师讲课时，他总是低着头在抽屉里玩。老师看了他几次，他还是继续我行我素。下课后，老师把小明叫到办公室谈话。老师问："我在讲课时，你怎么老是把头低在下面呢？"小明听后并没有表态，老师以为这是他的一种习惯，也就没多说其他的。又问："你每节课都是这样吗？""不是。"小明委屈地说："我已经把你写在黑板上的字都抄在笔记本上了。"很明显，他的意思是，他抄完了老师的板书，也就是完成了学习任务。事实上，老师在堂课上所写的板书，只是书本上没有的知识，目的在于提升学生的知识面，扩大学习范围。看着天真的小明，老师又问："你把知识记在了笔记本上，那些知识点你理解了吗？"小明低着头不说话。老师继续开导他："学习，不是单纯地记好笔记，更重要的是理解和掌握知识。如果我上课时一个字都没写，那你就不学习了吗？"在老师的耐心开导下，小明接受了老师的建议，对学习和记笔记的关系也有了一个新的认识，成绩也直线上升。

有许多学生把记笔记当成是检验学习态度认真与否的一个标准，把这当作自己已经学习的一个借口，当作对得起老师和家长的一个借口。这就出现了学生把课堂笔记写得很好，但成绩却不理想的现象。面对一些笔记写得很认真但成绩不理想的学生，老师和家长也找不出原因。他们看到了学生认真的笔记，还以为学生的学习态度没问题，至于成绩为何提不上去，可能是智力方面的问题或是学习方法不对等因素所造成的。这种片面的认识就造成了部分学生抱着这种应付笔记的态度来表示自己学习的态度，记了工工整整的笔记却没有理解里面的内容，这样做，学习成绩怎么可能提上去呢？

中学生在课堂上记笔记时，不应把记笔记当成必须的学习任务来完成。要知道，记笔记不是惟一的学习方法，通过记笔记来提升自己对所学知识的理解和印象，这才是记笔记的目的所在，并非是单纯的记好了摆在那里不去看，或是根本就不明白里面记的什么东西，这样盲目的记笔记，是对学习知识的掌握没有一点效果的。

§记笔记的艺术§

在课堂上记笔记时，会有这种情况发生：由于书写速度过慢，

以至跟不上老师的讲解速度。这时该怎么办呢？一位成绩出色的同学是这样处理的：如果记笔记影响到了听课的话，那么干脆不记，以听明白老师讲的内容为核心。但上课时也要拿支笔，记的并非是老师的原话或单纯的板书内容，而是当老师讲到某个知识点时，对自己有所启发或是有疑问时，但却因老师又往下讲来不及思考时，便把这个问题记下来，下课后再思考，记笔记是必要的，但不是只记不听……

而有些同学的处理方式恰好相反：当听讲与记笔记发生冲突时，以记笔记为主，放弃思考和听讲。结果可想而知，下课后笔记很工整，很认真，但问题却一大堆，只好在课后重新学习，这不仅降低了学习效率，而且还浪费了许多时间。

课堂上记笔记是一种学习方法，但记笔记的能力在学习中也是很重要的。中学阶段学习负担比较重，若没有掌握快速书写的技能，这种负担则会更加沉重。如课堂上跟不上老师的讲解速度，就会导致记不到老师讲的重点，这就有妨碍记笔记的学习效果了。因此，书写速度较慢的学生，应自觉地加强这方面的练习，尽快掌握这一听课技能。当然，在快速书写的同时也要保证字体的清楚和规范，这样才不至于记完了笔记却因看不清自己写了些什么而导致学习成绩的不理想。

记笔记的方式有很多，但也需要根据自己的接受能力来选择。如果预习时看过书，所以老师所讲的内容，自己有没有理解心里很清楚。那么，在记笔记时，自己理解的可以少记或是不记，也可以留出空白等下课时再补记。在上课时，认真听老师讲的自己不理解的那部分，以及老师反复强调的关键内容，这样，就可以把更多的时间用在思考自己不懂的问题上面了。

如果时间允许，中学生可以做预习笔记，并以此笔记作为上课笔记的基础。在记预习笔记时，要记得适当留些空白处，以便填充上课时老师板书的一些内容。这样的笔记才能体现学习的认真性和主动性。

　　课堂笔记不仅是课本知识点的记录本，而且可作为一份经过提炼加工的适合自己学习进度的复习资料。做笔记时布局可以这样安排：把笔记本打开后，右边这页可以用来记录老师的板书和自己认为需要思考的问题，左边记录预习笔记和课后复习的内容。在做笔记后，还要注意整理。应先把上课时没来得及记下的笔记补上，把记得模糊或是不准确的部分更正过来。最好在空白处记上这节课的中心内容，这样在以后查找时会方便许多。

　　如果平时对老师讲解的知识点能够理解和掌握，课堂笔记整理得好，在复习时，打开笔记，哪些是重点，哪些需要自己掌握，就一目了然了。因为笔记的中心内容突出，内容也简明扼要，还有自己平时容易出错的问题等，所以在复习时就不用查旧书，重新思考，这可以节省很多时间用来掌握自己容易出错的知识了。整理笔记时还要注意，把知识点简化和系统化，重点记录自己容易出错和老师讲解的核心内容，做一本针对自己学习特点的笔记，在复习时才能更好地掌握和运用。

5.课后复习莫忘记

遗忘是一种正常的生理现象。德国心理学家艾宾浩斯在 1885 年做了一个实验，他用无意义音节作为内容进行实验，发现刚记住的内容在一小时后只剩下了 44%，两天后就只剩下了 28%，六天后为 25%。由此可见，所有人在记忆上都会有遗忘现象，而且随着时间的增长，遗忘的速度会慢慢降低。所以，加强记忆的方法可以选择反复练习法，因为学习在大脑中形成了一定的神经联系，这种联系通过反复练习可以有效的刺激大脑来强化记忆，那么遗忘现象就会慢慢消退。

在学习中，有学生认为，书本中的内容只要理解和掌握了，自然地就会记住，事实上这种想法是较为片面的。知识理解后便于记忆，这是没错，但理解了的知识若不通过复习，那么过些时间就肯定会遗忘了，这是人的正常生理现象。所以，要想有一个好的学习效果，除了理解知识外，还应重视课后复习，多次地从不同角度和不同层次上进行复习，一定会产生良好的记忆效果。

§课后复习须重视§

清代思想家顾炎武能背诵长达十几万字的《十三经》，是他的记忆力超强吗？不是，他之所以能记住十几万字的内容，是因为他每年都会用三个月的时间来复习背过的内容。他总结的经验是："每年用三个月温习，余月用于知新。"可见，复习是完善学习的基础。若不通过复习，把应该记住的知识记住，就谈不上灵活运用知识去解决问题了。

有些学生认为，复习是为了迎接考试。所以，他们只在临考前才会去复习；而有的学生则认为，复习就是重复，没什么其他的意义。所以，这些同学在复习时很少去动脑筋思考问题，复习的效果自然也就不会显著。

人的大脑对知识的认识往往不能一次完成，复习表面上看去只是简单的重复，实际上它是对所学内容起到加深印象的作用。课后通过认真复习所取得的学习效果，与初次学习时的效果有着明显的差别。通过复习在脑海中形成系统、完整的知识记忆体系，这就是复习的最大收获。

复习的意义大致表现为以下几个方面：

1. 加强记忆，使学习的内容更牢固地储存于脑海之中

有很多学生对自己遗忘的天性苦恼不已，他们总是抱怨自己的记忆力不好，学过的知识到用时却想不起来，从而对学习也丧失信心。殊不知，遗忘是正常的，自己疏于复习才是遗忘的关键因素。而有的学生则认为，反正学过的知识早晚会忘记，早记也没用，在考前多复习就好了。可结果到了临考时，因需要记忆的内容过多，就会有顾此失彼的现象，且效果不佳。

2. 查补漏洞，保证知识的全面性

影响学习效果的因素有许多，在漫长的学习过程中，很难保证各种因素都处于最佳状态。因此，全面的知识学下来，难免会出现漏缺的现象，但是通过复习就可以检查出来，这时及时补上就能保证知识的完整性。课后复习，查补上课时的漏洞和缺欠，这样的知识才是完整无缺的。

3. 融会贯通，灵活运用

通过课后复习得以全面回顾，查补漏缺又保持了知识的完整性。但是，此时学生对知识的掌握还没有完全完成，复习的宗旨也还没有完成。因为学习知识的目的，在于能够灵活运用。此时，学生脑海中的知识仍是半成品：太多又太乱。乱是指所学的知识点有很多，但都是较为独立和片面的，这就像是建造房屋的原材料一样，只有把这些原材料系统地整合成一座房屋时，才是对知识的真正掌握。那么，如何才能将这些凌乱的、独立的原材料建造一座知识的房屋呢？方法就是复习。通过课后复习把所学的零碎的知识有机地组装起来，也就是将学过的知识融会贯通，做到系统的理解，灵活的运用。这时复习是个加工整理的过程，直到掌握了各部分知识点之间的关系和区别，才能完成知识的系统化。

古人说，"温故而知新"，就是说温习旧的东西，能获得新的体会和知识，这个新的知识和体会主要是指已形成的系统化的知识。系统化的知识少而精。大部分凌乱的知识，通过整理后，重点就会突出，理解也就更透彻了，这对记忆有着很大的益处。

§课后复习方法须掌握§

课后复习固然很重要，但若方法不当，也不能收到理想的效果。下面我们来看复习时应注意的问题及方法。

1. 复习时要围绕中心内容

有的学生在课后复习时，像看小说一样把笔记和书本全部都看一遍，这样就自认为是复习过了。这种没有明确中心的复习，是没有任何效果的。像这样把内容全部看一遍，最多起到了熟悉的作用，而复习的主要任务还是没有完成，知识也仍然是上课时所学到的那些。

在课后复习时，首先应找出复习的中心内容，这个中心内容可按照知识的重点来确定。如这节课上完后，把这节课的中心内容复习一遍，然后再围绕这个中心内容回顾以前学过的其他知识。在这节课的基础上开动脑筋，巩固以前所学的知识点，进而完成知识系统化的复习宗旨。

2. 尝试回忆

在课后复习前，首先要试着回忆老师课堂上所讲的内容。在不看书的情况下，把老师讲的内容回想一遍，这是对自己学习效率的检查，也是让自己专心去动脑筋的方法。尝试回忆可以检查当天听课的效果如何。回忆时可以在纸上写出自己回忆出的主要知识点，回忆后再对照课本，检查自己回忆内容的正确性。

如果自己能回忆出课堂上所讲的大部分内容，这就说明自己的预习和听课方法是正确的，效果也很好，这就增强了课前预习和认真听课的信心。如果回忆的内容很少，这时就要及时找出原因所在，以便及时调整学习的方法和方向。

3. 复习前的准备

在复习的核心内容确定后，就可以利用空闲的零碎时间，把与要复习的核心内容相关的笔记和书本等资料准备齐全。这样在复习的时候就可以省去许多查找资料的时间。有的学生本来是打算星期天抽出上午的时间来复习，但到了当天光翻找相关资料就花去了一半的时间。最后还弄得心烦意乱，情绪受到影响，这会直接影响学习效率的。

4. 复习时要做笔记

在课后复习时，通过深层的思考会形成完整的知识体系，应倍加珍惜这个学习成果，及时地记下笔记，以便日后使用。有了复习笔记，就可以保持今后复习的连续性；有了复习笔记可以促进知识由乱到精的转化，经常查看，可以起到加强记忆内容要点的作用。

中学生应该重视做复习笔记，经过一次又一次的过滤，可以把

一本厚厚的资料变成薄薄的几页，而这几页纸上记录的正是知识的精华。在做复习笔记时应注意：不可密密麻麻地记一大片，要尽量简明扼要，一目了然，要有自己的学习特点所在，掌握好的可以简记；自认为容易出错的，要具体些好。

5. 复习后做些其他的综合性试题

做些其他的综合性试题的目的是检查复习的效果，这样既可以加深对知识的理解，还可以培养运用知识解决问题的能力。要注意：做试题时，要尽量选些与复习内容相关的综合性题型。

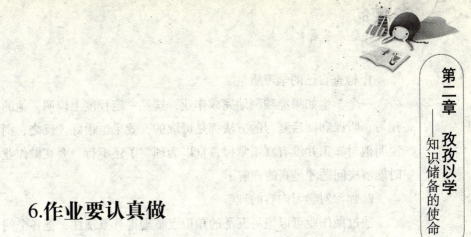

6.作业要认真做

做作业是学习中的一个重要环节，作业要认真做！这正如美国学者瑞夫在《伯克利物理学教程》中说："我最后的忠告是：你先试图很好地理解简单的基本概念，然后去做许多习题，包括书中给出的习题和你自己提出的问题。只有这样，你才能鉴别你自己的理解情况，也只有这样才能懂得如何依靠自己而成为一位独立的思考者。"

§为什么要做作业§

对于中学生来说，从小学到中学，已做过不计其数的作业，将来还有不计其数的作业等着其去完成。究竟为什么要做作业呢？或许还有部分学生不明白。正因为这部分学生不明白，才造成了他们抄袭他人作业成风，马马虎虎应付作业成为习惯的情况。也有些学生只在做作业遇到做不出来的题时才去翻书找答案。这种做作业目的不明了，抄袭作业成风的现象，已把做作业当成应付学习的态度，是谈不上有良好的学习效果。

究竟为什么要做作业呢？我们来看下面做作业对学习的有利之处。

1. 检查自己的学习质量

一个学生如果能顺利地完成作业，这从一定程度上说明，他的预习、听课和课后复习的方法都是可取的，效果也很好。反之，则说明他对知识并没有真正掌握，自以为理解了还不行，要在做作业时能解决问题才是真的理解了。

2. 加深对学习内容的理解

通过做作业可以把易混乱的知识点整理得有条理性，把各个问题的知识点联系起来，然后相比较而做出区分，这有利于加深对知识的清晰理解。

3. 锻炼思考能力

在做作业时会遇到各种问题，这就需要学生思考了。在思考问题和解决问题的过程中，学到的新知识就得到了运用。同时，在解决问题的过程中，思考能力也得到了锻炼，反应速度也得到了提高。

4. 有助于积累复习资料

作业一般都是经过挑选，有一定典范性的试题。在做完作业后，把作业整理好，在复习时，就可以翻阅这些有代表性的试题，以便节省时间，提高学习效率。

有些中学生在做作业时只求快，并未很好地分析题目的意思就草草地做完了。结果只能是在未弄懂题意之前，按自己想象中的问题去答，最终答非所问。中学生在看到题目时先不要急着去做，要先认真分析，然后看题目给了什么条件，问的是什么问题，找出已知和未知条件的联系，再去想哪些是间接的条件等。然后，再运用自己学过的知识去解决问题。只要认真去分析题目，就会发现一些待挖掘的潜在资料，这个潜在资料就是向结论过渡的关键点所在。只要做作业时认真，这样在分析问题的同时，就会得到一些潜在的条件，问题也就能迎刃而解了。

§做作业不可马虎§

做作业不是一项独立的学习活动。课前预习、上课认真听讲和课后的复习，从某种程度上来说，这都是为做作业所做的准备工作。为什么有的学生总是完不成作业？这里面的重要因素就是其在前面的某个学习环节中出现了问题，抑或是在做作业的过程中运用的方法不得当所造成的。那么，怎样做作业才是科学的呢？

做作业的方法可以参考下面总结的几点：

1. 认真看题

在做作业时，要看好题，做到看得准确、分得清楚、联得起来。

看得准确。在做题时，把题意看错的现象层出不穷。要想弄明白题的意思，不光是靠细心和认真能做得到的，这还需要一个系统的努力过程。看题时要慢、稳，要知道，只有看准题，才能快速地解决问题。

分得清楚。主要是指善于分析一道题的核心点。在做题时，从多个方面来分解这些未知和已知的知识点，并一一解剖。对一些综合性的习题更需要剖析，只有剖析开来，才能更快更有效地化乱为简，化多为少，进而解决问题。若没有耐心对习题进行剖析，那么就会出现杂乱无章、无从下手的感觉。有时题目会较为复杂，可以先把习题的特点分几个公式或是简图写出来，这对寻找联系是十分有利的。

联得起来。在剖析问题的过程中，可以联系相关的旧知识，慢慢剖解各个知识点的关系及解决的方法等等。由于能联系到过去解题时用到的方法和思路，就可以把陌生的题目转化为熟悉的题目类型，找到两者之间的共同特点，这样问题就会较为容易解决。

2. 做题时要保证质量与数量

做作业是一个把解题思路表达出来的过程，它既是一个动脑又

是动手的过程体现。在保证作业质量的同时，也要做到速度快。

速度是指做题的效率问题。思考、表达和运算的准确性是提高效率的有效保证。在做题的时候，要在保证准确性的提前下，有意识地提高自己快速解题的能力。要想速度快，必须要对知识有着深刻的理解和思考意识，还要经常刻苦的练习，做作业速度快是勤学苦练的必然成果。

3. 做完作业后要注重检查

这是保证作业质量的不可缺少的环节之一。这个环节的主要目的是独立地判断作业的正确性与否，这是培养独立思考能力的重要途径。草草了事地交上作业不做检查，这是一种不可取的学习态度。不应把错误交给老师检验，应做到自己心里有底。检查的方法有很多，要根据具体的学科和详细的题型来采取相应的办法来完成作业。可以参考以下几种：

逐个检查法。就是从头到尾一个一个题目进行检查，发现错误及时更正。这个方法的优点在于可以检查出计算和表达上的大意之处；但不足之处是很难发现思路上的错误。

重做法。如果时间允许，在发现错误时，可以重新再做一遍，然后再对照一下，看哪个更为合理正确。

另外，在做题的过程中要养成写草稿的习惯，在纸上草算时不可太过零乱不清，避免检查时看不清楚浪费时间。做作业时要注意字体书写规范工整，除了要有一丝不苟的态度外，还要按照各科学目的要求格式去做，养成认真做作业的好习惯。

7.时间利用要合理

中学生如何合理地利用时间，是其学习策略的一个重要方面。合理地利用时间，是指中学生对自己的学习活动与时间的关系有一个正确的认识和体验。有研究表明，中学生时间的合理利用是中学生提高学习效率和能力的内在机制。

§学会珍惜时间§

法国思想家伏尔泰曾出过这样一个意味深长的谜："世界上哪样东西最长又是最短的，最快又是最慢的，最能分割又是最广大的，最不受重视又是最值得惋惜的；没有它，什么事情都做不成；它使一切渺小的东西归真于消灭，使一切伟大的东西生命不绝。"这么神秘的东西，它是什么呢？时间！

最长的是时间，是因为它永远是无穷无尽的；说它是最短的，那是因为它让许多人的计划都还来不及完成就已经消失不见了；对于在等待的人来说，时间是最慢的；对于享乐的人来说，时间又是最快的；时间可以无穷无尽地扩展，也可以无限地分割；如果有人不珍惜时间的话，那事后他定会表示惋惜；如果没有时间，那一个人什么事情也做不成；时间将一切不值得后世怀念和纪念的事从人们心中抹去，又让许多英勇人物永垂青史。

时间到底是什么呢？它对于不同的人有不同的意义。在活着的人看来，时间就是生命；在从事经济工作的人看来，时间就是财富；在做学问的人看来，时间就是资本；对于中学生来说，时间就是命运！

有这样一个故事：一天，一位老师为一群中学生上了一堂实验课。

"我们来做个小实验。"老师拿出一个空瓶子放在讲台上。随后，他把一块块大的石子放进瓶子里去，直到石子高出瓶口再也放不下去一粒为止。他问学生们："瓶子满了吗？"所有的学生都一致回答："满了。"他又问道："真的满了吗？"说完后，他又取出一包砾石，倒了进去，并敲击玻璃瓶使砾石填满石块间的空隙。"现在满了吗？"这次学生们大都明白了："或许还没有。""很好！"老师说道。他又取出一包沙子，把它慢慢地倒进玻璃瓶内。沙粒填满了石块间所有的缝隙。老师又一次问学生："瓶子满了吗？""没有！"一位学生大声回答道。然后，老师又拿出一杯水倒进玻璃瓶内。

这个实验说明了什么？中学生们静下心来想一下，如果老师把实验的顺序反过来的话，先在瓶子里放满沙子和水，那么瓶子里就无法放入小石子和大石块了。同样的道理，在生活中，如果你的时间总是被一些琐碎的杂事占用完了，那么就没有时间去做一些重要的事情了。

从小学升入中学后，很多学生都会有这样的感受，时间总是不够用。有的同学为了能多些时间学习，还会在晚上熄灯后打手电筒学习，恨不得把一分钟分为两半用。事实上，真的是没有学习时间吗？还是自己的时间安排的不合理？

§如何科学地利用时间§

有人说，时间就像是海绵里的水，只要你愿意挤，总还是有

的。事实就是如此，每个人的时间和精力都是有限的，但每天却有着无限多的事情等着中学生们去处理，那中学生们就应该怎样做才能把握好时间呢？

历览古今中外有所建树者，无一不惜时如金。古有汉乐府《长歌行》诗句："少壮不努力，老大徒伤悲。"到鲁迅的"时间就是生命！"伟大的发明家爱因斯坦病倒时，朋友问他有什么愿望未实现，他说："我只希望还有若干小时的时间，让我把一些稿子整理好。"这些都足以看出这些不平凡之人对时间的珍惜。那么中学生该如何做呢？

1. 理清事情的主次之分

中学生若想在有限的时间和精力内达到最好的学习效率，首先应根据事情的重要和紧迫程度，做出一个合理的安排。可以每天把重要的事情列举出来，然后有序地去完成后，再去做那些琐碎的不紧迫的事情。如明天要进行数学考试，今天下午有英语补习班要上，还要去打篮球，晚上要陪奶奶散步。这四件事在等你来完成。很显然，你应该把大部分的时间花在复习数学内容上，以便迎接明天的考试；接下来，如果你还有时间，应该去做的就是去上英语补习班；至于打篮球的事可以改天再打；去散步则也可去可不去。

2. 根据自己的生物钟，充分利用时间

每个人都有自己的生物钟，所以每个人在相同的时间内做事的效率都是不同的。比如有的人的最佳状态在早上，那他就可以把自己重要的学习任务安排在早上。而有的人的最佳状态在中午，就可以把重要事情安排到中午去完成。时间安排要因人而异，不能随波逐流。

3. 尽全力去完成最重要的学习任务

在做事时要全身心的投入，不可东张西望，边做边玩，这样会严重影响到学习效率，且浪费了许多宝贵时间。在任何时候，只要你专心去学习，很多问题都会迎刃而解，否则将会一事无成。

4. 东西放置有条理

常看的书籍和笔记要放在伸手就可以拿到的位置，不要和衣服等其他东西杂乱无章地放在一起，这样找起来会很浪费时间。如果上午要复习，那么你找笔记和课本的时间怕是要花去一大半的时间，那时定会感觉时间不够用，进而影响其他事情的进度。

5. 学会拒绝

在你把精力投入到做某一件事情时，如果没有特别特殊的情况发生时，中学生自己应该学会拒绝眼前的其他事件。如你正在做作业，而同学叫你一起去打球，那你就应该专注地把作业做完后，在没有其他需要完成的事情时，再去和同学一起去活动。

6. 有规律的作息时间

有部分学生爱上网玩游戏，也常会在网吧逗留一整晚，这就严重影响到了第二天的学习。玩游戏无可厚非，但这样不顾休息，没日没夜地玩，会严重影响睡眠质量，进而影响到第二天的学习情绪和效率。

因睡眠时间缺乏而造成学生体力下降，继而引发焦躁不安、自信心下降的现象是时有发生的。所以喜欢睡得很晚的中学生必须要有合理的作息时间安排，因为充足的睡眠不仅有助于提高学习和办事效率，还可以将节省出来的时间用于休息。而休息的好坏，不但会影响到健康，还会影响一个人的情绪、生活质量和学习成绩。

7. 自习课时间要安排好

许多同学会把自习课当成玩乐课或是做作业专用时间，事实上自习课是用来复习和巩固学习的。在自习课安排上，要注意文理交叉，不要一口气扑在同一类科目上；学习要与练习相结合，因为若是注意力一直停留在背书或是长时间做习题上，会很容易让学生产生疲劳感，也会降低时间的利用效率。

8. 订个时间表

每当各科老师纷纷布置一堆作业和习题时，要学会制定出一个

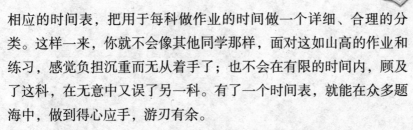

相应的时间表，把用于每科做作业的时间做一个详细、合理的分类。这样一来，你就不会像其他同学那样，面对这如山高的作业和练习，感觉负担沉重而无从着手了；也不会在有限的时间内，顾及了这科，在无意中又误了另一科。有了一个时间表，就能在众多题海中，做到得心应手，游刃有余。

人才的成长，大多都是阶梯式的。小学到中学，中学到高中，高中到大学。每上一个阶梯，就伴随着竞争和淘汰的一个过程，你能否登上更高一层的台阶，就要取决于你现在这个层次的基础打的如何。对于中学生来说，同样的时间，同样的事情，应该先挑有用的学，同样是有用的知识，应先挑基础的和急用的学。把时间用到关键点上，才能在有限的时间内收获最高的学习效率。

8.应考技巧要掌握

有人把考试当作一次挑战，有人把考试当成一场灾难。对于中学生来说，从小学到中学，面对考试，逃避是不现实的，恐惧也无济于事。正确的态度是要努力调整心态，理解考试的真正意义，掌握应考的技巧，然后勇敢地去迎接每一次考试，去争取一次又一次的胜利。

§考前准备工作要做好§

许多中学生之所以害怕考试，甚至把考试当成一场灾难，其根本原因是对考试没有正确的认识。因此，能否正确地对待考试，才是考出好成绩的最关键因素。

考试的目的：

1.学习成果的收获

考试前，必然会有准备，长期的学习实质上就是一个准备的过程。考前的主要任务就是复习，重新回顾过去的知识。这种复习，不再是简单的重复，而是站在全局的高度，去完成知识的系统化和完整化的一个任务。通过复习找出知识之间的内在关联，弥补学习中的漏洞，使知识的运用更加熟练化。这就是通过考试前的复习，所取得的果实。

2. 检查学习的效果

我们学习知识的目的在于运用。学完的知识除了明记心中外，还要会运用，要达到熟练的地步。考试的特点是在限定的时间内，独立地完成各种不同的综合性试题。这样可以准确地测检出每个学生对知识的理解、掌握和运用的熟练程度，在问题的分析和解决过程中也可以测查出学生的能力水平强与否。

只有通过考试的检查，才能使每个学生对自己的学习态度、知识以及能力等多方面有个检验的标准，以便更好地改进和完善学习态度和方法。每次考试后，很多中学生都会自觉地针对学习中存在的弱点进行积极地调整和克服，这对中学生以后的能力发展和知识掌握都有着一定的益处。

3. 考试前复习工作要做好

看。抓住复习的中心内容，先围绕这个中心去看书、看笔记、看平时的作业等资料，看的主要目的在于理解。以课本为主，资料为辅，对基础知识和基本的概念要运用熟练。看书前，可以先考一考自己，把思考与查阅结合起来，注意力会更集中一些。翻阅的速度，要根据自己的情况，学得较好的部分，可以再熟悉一遍即可；学得不太好的，则要多花些时间，加深记忆。

理。就是整理复习资料，在理解的基础上，整理出一套复习笔记。把知识系统完整地整理出来，用少而精的笔记形式表达出来，也可用各种精明扼要的表格形式展现出来。因为复习笔记是给自己看的，所以为了节省时间，可以用不同的代号和简称来表示，只要自己认得出来即可。在复习的过程中，对知识理解的每深入一步，笔记就会简化一步。

整理复习笔记的过程，也是一个促使自己更加专心学习地过程，也有利于记忆的强化作用。有了重心突出的复习笔记，在考前再认真地复习一遍，定能对考试有很大的帮助。

练。考前可以通过练习各种习题，来检查过去的学习效果，这

有查补漏洞，加深记忆的作用。很多学生总是自认为自己知识掌握得很好，可一到做习题时才知道自己的不足之处。做练习不仅有检查自身学习情况的作用，还有锻炼解决问题能力的作用。在做每一道题时，都要注意整理出题型的思路和学会划分题型的习惯，这样在考试时才能提高做题效率。

熟。对内容能熟练地理解和运用。但凡需要记忆的内容，可通过反复练习来强化记忆效果，以便考试时随时取用。

4. 考前心理调整须重视。减少精神压力

考前精神压力过大，容易让大脑机能状态处于劣势。由于情绪太过紧张，对自己的学习状况左怕忘了这个，右怕错了那个，神经时刻处于紧绷状态，搞得复习效果也不好。到了考试时，大脑或许就会由于休息不好或复习效果不好，而反应过于迟钝，这严重影响中学生本身知识的发挥和应用。

§应考技巧要掌握§

或许有同学会说，考试还有什么技巧可讲？其实不然，两位成绩相当的中学生，在考试中若应考技巧掌握的程度不同，那么考出来的成绩可能会有天壤之别。其中的主要原因就是应考技巧没掌握好。

下面来介绍些考试中应用到的基本技巧：

1. 发下试卷后先填上名字和考号等个人信息，再浏览一下题目的总量，先大致分配下每块题所用的时间多少。

2. 按照从上到下的顺序，先易后难逐个解题。也就是说，按照试卷上题目的顺序审题，会一个答一个，一时想不起来解决方法或是不会的问题，先不做答，做下一个。等把会做的试题全答完后，再回头来解决一时想不起来的试题；在解这些题时，也要遵守技巧，就是先易后难。

这有什么好处呢？首先你可以轻松地进入答题状态中。由于注意力放在答题上，所以考试带来的紧张情绪就会得到放松，也没有时间去考虑其他无关信息了。再者，不会因为把大量的时间浪费在自己解答不出来的试题上，让自己最后没有时间去做后面完全可以解答的题目。每次考试后，都会有相当一部分同学抱怨时间太短，自己后面会做的题都还没写呢。事实上并不是时间安排的不够长，而是他们把宝贵的时间浪费在了解答自己不熟练或是根本解不出来的试题上，以至于没有时间去做容易的试题。这还是在于考试技巧没掌握所致。

自控力强的同学也可以采用"统观全局，先易后难"的技巧。先把大部分题目浏览一下，看到自己会做的，就会信心倍增，然后，根据先易后难的顺序，分配时间，逐个去解答，进而取得好的考试效果。但对于部分学习基础较差或是自控力较弱的同学来讲，一考试就会有恐惧感，情绪也会很紧张，发下卷子，从头到尾浏览一遍，若发现大部分试题自己都不会做，这无异于加剧了其紧张情绪，对考试效果是极其不利的。还有一点须注意的是，在纵观全局时，只要粗略地扫一遍即可，不必细看，因为如果你第一次看题时，由于看得有些粗，把题意理解错了，那么做题时就很容易以第一感觉为主，这样就会发生审题错误的现象。

3. 审题要慢、准。因为看错题而做错题的事情在考试中屡见不鲜，本来可以解答的题却因误差而导致会错意而做错了题，这是最令人遗憾的。因为看题时太过粗心，竟把背面的一整页试题全部漏掉的也大有人在。所以，要注意在审题时切记慢、准二字。

4. 答题要快、准、整。这是说在答题时写字速度要快，字体要工整，答案以及用词要尽量做到准确无误。不要以为做完一遍后还要检查，写草些也无妨。殊不知，当你做完一遍后检查的时间是极其有限的，或者在你根本还没来得及检查时考试时间就已经到了。因此要有一遍做好的理念。

　　也有部分中学生因考试时写字速度太慢而影响了考试成绩，也有同学因为写字太草太脏而导致老师改卷时看不清或看不懂而影响考试成绩。所以，中学生在平时书写时一定要注意工整、洁净的原则。

　　应考技巧有很多，这里只列举了一些基本的注意点，中学生们可以根据自身的特点而选择几项作为自己应考的技巧，以便考出理想的成绩。

9.克服厌学情绪

小丽的父母都是大学教授，从小就对她严格管教，对其学习成绩要求很高。进入重点中学后，更是以全国知名大学为高考的目标。小时候的她迫于父母压力，学习一直较好。但进入青春期后，逐渐有自己的思想，她对父母的要求开始越来越反感，经常和父母发生冲突。为了跟父母"作对"，她慢慢开始讨厌学习，上课走神、功课抄袭，导致成绩一降再降，其父母束手无策。

这就是典型的厌学情绪。厌学是指学生因为种种心理问题，在主观上对学校学习活动失去兴趣，产生厌倦情绪和冷漠态度，并在客观上明显表现出来的行为，无法让正常的学习继续下去的心理和行为反应模式。主要特征是对学习的认识存在偏见，情绪表现消极，行为上远离学习。

§厌学情绪产生的原因§

其实厌学的学生并不是本身不愿意学习，而是在忧郁、抑郁情绪的影响下，学不进去，一想到学习就感到心慌、焦虑。那么，中学生为什么会产生厌学情绪呢？以下几种原因供你参考，看看你为何厌学。

首先，从学生自身来看。

1. 许多老师和家长都十分看中学生的分数，以分数来评价一个学生的好坏，巨大的思想压力和精神负担使他们难以承受，久而久之便对学习产生厌烦情绪。

2. 由于自身比较懒惰，怕苦怕累，觉得学习是一件很苦很累并且很乏味的事情，所以一看到书本就头痛，对学习毫无兴趣。调查表明，在厌学的学生中大概有 31% 的学生的厌学是由于懒惰引起的。所以，这一主观上的认识是造成学生厌学的一个重要原因。

3. 由于学习方法不当，导致许多学生基础知识差，成绩跟不上。上课时，对教师讲的内容听得一知半解，下课后，对作业无从下手，使他们对学习没有信心，继而产生厌学心理。调查表明，在厌学学生中大概有 43% 的学生厌学是由这一点产生的。

其次，从家庭因素来看。

我们都明白，温馨的家庭生活和良好的家庭学习氛围是孩子成长的阶梯。不良的家庭文化环境往往使可塑性很强的初中生在耳濡目染中受到侵蚀。有的家长忽视自身作为子女"第一任家庭教师"的角色，在教育子女上，简单粗暴或溺爱放纵；有的家长不但不重视子女的学习，反而经常在孩子面前做"经商致富"的宣传，分散孩子的注意力，扭曲他们的价值观……这些教育方法的不当会给中学生的成长造成巨大的影响，不管是无言的反抗或是盲目的自大，都可能会以厌学这一行为表现出来。许多资料都表明，"问题家庭"中存在的"问题子女"的概率要大大超出正常的家庭，同样，产生厌学情绪的孩子也较多地出现在"问题家庭"中。

再次，从老师的教育手段来看。

著名教育家陶行知说："小心你的教鞭下有瓦特，你的冷眼里有牛顿，你的讥笑里有爱迪生。"许多教师为了片面地追求分数，不顾孩子的心理承受能力，采取"填鸭式"的教学方法。当学生的成绩有所下降时，不改进自己的教学方法，而是对学生进行"疲劳轰炸"或者冷嘲热讽，或者体罚（变相体罚），那么学生对这门功课就会产生厌倦、畏惧心理。这是中学生产生厌学情绪的主要原因之一。

§克服厌学情绪§

厌学心理的产生与发展会直接影响青少年的学习和成绩，严重者则会影响他们的身心健康，必须尽早进行补救，以下便是我们针对中学生厌学现象提出的几点对策：

1. 严格要求自己，加强自控能力。端正自己的学习目的和动机。大多数学生认为学习是为了父母，为了老师，为了考试，还有些学生甚至不知道为什么学习，目的不明确，学习的动力自然就不足。正确的学习目的和良好的学习动机，能激发爱国热情，在学习上表现出积极的态度、强烈的责任感，发奋进取的欲望。如果把学习看成是一种负担、一种任务，缺乏对学习的兴趣，只是机械的应付，在遇到困难时就容易产生逃避的想法，对学习产生厌倦。所以，在学习之前，要明白是为谁而学，为什么而学，对于学习有一个清晰的定位，建立科学的学习动机。

2. 培养良好的学习兴趣。兴趣是学习的最大的动力，可以看到，厌学的学生一般学业成绩较差，在学习上屡遭失败，常受家长的责备，教师的批评，因此他在学习上就会悲观失望，自暴自弃，学习对他们来说便是一种沉重的负担，根本谈不上兴趣和爱好。相反，有许多学生由于有特长、有兴趣，他们会经常受到来自学校和家庭的表扬和鼓励，他们的兴趣和劲头也会潜移默化地移到学习方面来，从而相得益彰。

所以在矫治厌学情绪时，宗旨是要唤起自己对于学习的兴趣，方法有以下几点：

第一，如果在学习过程中，出现注意力分散的情况，可做几次

深呼吸或放松训练，使自己精神松弛，克服紧张情绪，重新安下心来学习。

第二，培养自我成就感，以培养直接的学习兴趣。每取得一个小的成功，便对自己进行小的奖励。让自己去玩一次自己想玩的东西；有中进步、实现中目标则中奖励，如买一本自己喜欢的书画或乐器等；这样的行为，有助于对学习产生自我成功感，学习兴趣也就会随之而建立起来了。

第三，应用多种学习方法进行学习，以避免单一学习方法下产生的厌烦心理。如利用视觉，看书；利用动觉，写字；利用听觉，听写。也可把几门功课的内容，交替进行复习。还可利用讨论的方式和提问的方式进行学习。

3. 增强对学习的信心。只有树立了"别人能学会，我也能学会"的观念，面对困难，才会不断去克服，才能走向成功。在平时的学习中，加强对基础知识的掌握。课前做好预习，以提高听课效率。课后认真及时完成作业，做好复习工作，经常自我激励、自我鞭策，这都是加强自信心的良好方法。

第三章　精神升华
——无悔青春的使命

没有精神的青春如水中浮萍，飘忽不定；没有精神的青春如无根的松柏，无法常青！绚丽青春的演绎，离不开精神的点缀！

青春是人生当中一段闪光的记忆，是精神的使命将这段闪光的回忆幻化成优美的旋律一路传唱。青春拥有的不只是热情，还有面对苦难的勇气和永不妥协的傲骨。雄鹰在风雨中练就坚实的翅膀，梅花在严寒中绽放扑鼻的芬芳，任前方荆棘密布，只要自己持之以恒就一定能够成功！青春的脚步如行云流水，青春的精神决不允许有半点疏忽和浪费！

1.自信是成功者的钙质

在现实中，强者最大的竞争对手是自己，而自己成功最大的障碍是缺乏自信。只要你自信，只要你尊重自己、坚信自己，你就是伟大的，最终的成功必定也会属于你。自信是一切成功者的钙质，没有自信的人，将一事无成。对于中学生而言，培养自信的使命感是尤为重要的。

§没有自信就别想成功§

如今随着社会的不断发展，中学生的身心健康日益引起社会的广泛关注。很多中学生出现的问题大部分都是由心理问题引起的。然而，人们对中学生心理的研究大多只是停留在对他们身心健康状况的调查，或者偏重于病理方面等消极心理因素的研究。而对于中学生心理（或精神）方面的积极因素的研究却较为欠缺，尤其是对中学生自信心的研究几乎没有看到。"自信"或"自信心"是人类心理生活中最为基本的品质之一，也是每个人内在"自我"的核心部分。从某种程度上来说，自信心的强弱，决定着中学生个体的成功与失败，也是个性发展的重要前提和基础。

心理学研究表明，每个人的意识中都有一个理想的、积极的自我形象，但这个理想的自我形象，并不是总能指导和主宰自己的行

为。因为，它会常常受到另一个消极的瞬息万变的自我形象的干扰。前者不怕困难，勇往直前；后者遇事萎缩，知难而退。前者对你说："我能行！"后者则会大唱反调："我不行！"这个时候，你是选择前者还是后者？或许下面这个故事能给你一些提示。

一天，上帝分别送给三个年轻人一些同样干瘪的种子：第一个年轻人大呼："上天为何如此不公？这么干瘪的种子怎么能够发芽？"随手扔掉种子后，他在抱怨声中结束了一生。第二个年轻人抱着试一试的心理，播种、浇灌、施肥，但很快就放弃了。后来，他终生为寻找一些饱满的种子而努力。第三个年轻人相信：只要精心呵护、尽心尽力，再干瘪的种子也能长成参天大树，自己的汗水会换来成片的阴凉。结果，第三个年轻人很快就拥有了一大片森林。在这个故事中，第三个年轻人选择了前者，可见，自信是人获胜的法宝，更是事业的保障。

中学生朋友，你自信吗？当你成绩名列前茅时，你能否告诉自己："一分耕耘，一分收获。"而不是"这次运气真好！"而造成心理上的压力；当你成绩有了进步，你能否对自己说："学习有什么困难，只要努力，我一定能学好！"而不是"这次纯属侥幸，我不是学习的料。"而停滞不前；当你考试退步了，你应该向天发誓："从现在开始，我一定努力，一定学好！"而不是"我永远也学不好，学习对我来说就是活受罪！"而放弃了学业。如果你真的想拥有自信，就从现在起告诉自己：哪怕是一粒干瘪的种子，我也要长成参天大树！我相信：我能行！

在通往成功的道路上，总是充满艰辛，而成功者在走向成功的道路上，他们的内心也往往充满着矛盾和斗争。高呼"我能行"，其实就是要强化心中那个积极的、理想的自我形象，战胜和排除消极的自我形象的干扰，用自信来融化存在于心中某一角落的自卑。

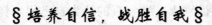

§培养自信，战胜自我§

对于一个自信的人，他会勇于面对挑战，努力向自己定下的目标进取。追求自我实现，不仅可以带来个人的成功感，而且在其他方面也能得到全面的发展，使自己更受人欢迎。相反，对于一个没有自信的人，他会逃避挑战，不敢面对失败的风险，怀疑自己的能力，使自己失去很多成功的机会。因此，中学生们应努力培养自己的自信心，让自己在任何困难面前都能说："我能行！"

1. 驱除自卑感

心理学认为，自卑是一种过多地自我否定而产生的自惭形秽的情绪体验。而人产生自卑心理的原因是，在你的头脑里有一个错误的意识在支配你。比如说，你因为家庭条件不好而自卑，这是因为在你的头脑里有一个错误的认识，那就是你认为自己的家庭条件不好，会令人轻视。你应该给自己一个正确的认识：我家庭条件不好，学习条件恶劣，但是我相信，经过我的努力，我一定会学得更好，一定会改变自己的生活，我会赢得更大的尊重。这就是一个正确认识。要给引起自卑的事实一个正确的认识，这是消除自卑心理最好的方法。

2. 练习正视别人

一个人眼神能够透露出许多有关他自身的很多信息。当一个人不敢正视你的时候，你的直觉会问你自己："他想要隐藏什么？他怕什么？他是不是做了什么不好的事？"正视别人等于告诉他：我很诚实，而且光明正大，毫不心虚。正视别人，不但能给自己带来信心，也能使他人更加信任自己。

3. 挺起胸膛，让步态轻松稳健

心理学研究表明，步态的调整，可以改变心理状态。你仔细观察就会发现，那些遭受打击、受排斥的人，走路时都是懒懒散散、

拖拖拉拉，完全没有自信感。拥有自信的人，则是胸背挺拔，走起路来稳健轻松，他的体态告诉别人："我真的认为自己很不错！"挺起胸膛走路，你的自信心一定会得到增长。

4. 学会欣赏自己，表扬自己

中学生要培养自信，就要学会欣赏自己，表扬自己，把自己的优点、长处、成绩、满意的事情，统统找出来，在心中"炫耀"一番，反复刺激和暗示自己"我可以"、"我能行"、"我真行"，长时间的练习，你就能逐步摆脱"事事不如人，处处难为己"阴影的困扰，就会感到生命有活力，生活有盼头，觉得太阳每天都是新的，从而激发自己奋发向上的动力。

5. 练习大声讲话

大声讲话，是训练表达的自信，是建立完整自信的一个最好的途径。如果你有一些不自信，你不妨从现在开始就练习大声讲话。一定要敢于张嘴，敢于向别人大声的表达你的感受和你的观点，要记住，声音一定要大。

6. 鼓励自己

自己给自己鼓掌，自己给自己加油，自己给自己戴朵花，自己给自己发锦旗，便能撞击出生命的火花，培养出像阿基米德"给我一个支点，我可以撬起整个地球"的那种豪迈的自信来！

自信并不是盲目地自我感觉良好，盲目地欺骗自己、自我忽悠，而是建立在客观、真实的自我认识的基础上。它是激励自己奋发进取的一种心理素质，是以高昂的斗志、充沛的干劲，迎接生活挑战的一种乐观情绪，是战胜自己、告别自卑、摆脱烦恼的一剂灵丹妙药。

总之，自信可以使一个人从平常走到辉煌；自信可以使一个人从绝望看到希望；自信可以使一个人从暗淡走向光芒。作为一名新世纪的中学生，要学会激发自己的自信心，使自己不断地进步，从而创造生命的亮点，成就辉煌的人生。

2.乐观，让你受益一生的精神食粮

乐观，是指人精神愉快，对事物的发展充满信心。美国成功学学者拿破仑·希尔说过这样一段话："人与人之间只有很小的差异，但是这种很小的差异却造成了巨大的差异！很小的差异就是所具备的心态是积极的还是消极的，巨大的差异就是成功和失败。"可见，积极乐观这个习惯对我们的人生的影响是多么的巨大。乐观是跌倒后的勇敢爬起；乐观是受伤后的不怕痛苦；乐观是受挫后的坦然面对。一个乐观者在每种忧虑和困难中总能看到一丝的希望；而那些悲观者却会在每种的忧虑和困难前看到了一种可怕的"影子"。聪明的中学生朋友，你会选择追求乐观，还是会追求悲观呢？相信你一定会选择前者吧！

§乐观 & 悲观§

人的一生中，难免会遇到一些挫折，在挫折面前，有的人会乐观地面对，而有的人却一味地埋怨，甚至会结束自己美好的一生。乐观者在每次危难中都会看到机会，而悲观的人在每次机会中会看到危难，所以，中学生朋友无论处于什么样的环境中，都一定要有一种乐观的心态。

有一位父亲想对一对孪生兄弟作"性格改造"。因为他的孩子

其中一个过分乐观，而另一个则过分悲观。一天，他买了许多色泽鲜艳的新玩具给悲观孩子，又把乐观孩子送进了一间堆满马粪的车房里。

第二天清晨，父亲看到悲观孩子正泣不成声，便问："为什么不玩那些玩具呢?"

"玩了就会坏的。"孩子仍在哭泣。

父亲叹了口气，走进另一个房间，却发现那个乐观孩子正兴高采烈地在马粪里掏着什么。

"告诉你，爸爸。"那孩子得意洋洋地向父亲宣称，"我想马粪堆里一定还藏着一匹小马呢!"

乐观者与悲观者之间的差别是很有趣的：乐观者看到的是油炸圈饼，悲观者看到的是一个窟窿。这两种人，结局大不一样。作为中学生的你，会选择做哪一种人呢?

生活好像半杯水，因为生活原本就不完整。面对半杯水，悲观主义者也许会说："唉，只剩下半杯水了。"意思是说生活已剩下半杯水，没有什么希望了。因此遇到任何事情都不敢再去尝试，生活也不再充满激情，甚至有的干脆放任自流，决定庸庸碌碌地过完下半生。而乐观者就不会这样，面对同样的半杯水，他们会这样说："我真幸运，还有半杯水。"

事实上，想法决定一个人的生活，有什么样的想法，就有什么样的未来。我们人生的好多次失败，有好多人最终并不是败给了别人，而是败给了自己的悲观。

§"乐观"向上，悲观就会退避§

生活在这个充满挑战的时代，中学生虽然会面对许多压力与挫折，但也有许多机会在如黑夜里的星光般不断闪现，你抬起头仰望天空了吗? 现代文明给了人们物质上的极大便利与享受，却也让人类的内心愈加不安与困惑，常常找不到生命的方向。在这些面前，你不应该再祈求会有什么世外桃源能让心灵与世无争地栖息下来，除了勇敢、乐观地面对现实之外，你别无他选。

一个怀着积极心态的人是不会被环境击倒的，面对困难，他们会永远保持自信和愉悦，而这种心境不仅令他们的生活变得光彩起来，也有助于他们战胜困难，迎接光明的时刻。

著名发明家爱迪生，一生成就无数，而他之所以成功，与他在困难面前永不言败的精神和乐观面对失败的态度有着密切联系。在他晚年的一天夜晚，他苦心经营的实验室着火了，1.2亿美元的仪器就这样化为灰烬。当他的儿子四处寻找父亲时，发现父亲并没有去救火，而只是站在一旁观看，爱迪生看到了来寻找他的儿子说："快叫你妈妈来，否则她一辈子都不可能见到这么壮观的场面了！"

这是一句多么震撼的语言！在一字一句中，爱迪生让世人看到了他真正伟大的一面，他将普通人看作是五雷轰顶般的打击当作了一种激励，也正是这种心态帮助他在几个星期后有了自己的又一项发明——留声机。

还有一例：一次，一个美国女孩的双眼意外受了重伤，她只能从左眼角极小的一条小缝隙来观察世界。小时候，她喜欢和附近的孩子玩跳房子，但却看不见记号，只有把自己游玩的每一个角落都记清。这样，即使赛跑她也没有输过。正是凭着这股韧劲，使她获得了明尼苏达大学的文学学士及哥伦比亚大学的文学硕士两个学位。她曾在明尼苏达州当过乡村教师，后来又成为奥加斯达·卡雷基的新闻学和文学教授。在这漫长的13年间，她并没有让自己闲着。除了教书，她还在妇女俱乐部演讲关于各种类型的书籍，并客串电台谈话节目。她的自传体小说《我想看》轰动一时，成为当时畅销的名著。她就是过了50年如同盲人生活的波基尔多·连尔教授。

"在我心里不断地潜伏着是否会变成全盲的恐惧，但我以一种

乐观的态度去面对我的人生。"连尔教授这样说道。终于，在她52岁那年，经过现代医术的诊疗，她获得了40倍于以前的视力，她面前展开了一个更为绚烂的世界，她的生活也变得更加精彩、缤纷。

从这两则事例中，你是否体会到：成功之士之所以成功，不仅仅在于他们智商的高低，还在于他身上所具备的那种遇事能从容不迫的良好心态。对于肩负使命的中学生来说，乐观更是一种必不可少的心态。人生的最高境界就是快乐，乐在其中。渴望人生的愉悦，追求人生的快乐，是人的天性，每个人都希望自己的人生是快乐、充满欢声笑语的。快乐是一种积极的处世态度，是以宽容、接纳和愉悦的心态去看待周边的世界。可是，现实生活并不如真实状态简单纯一，不如意的事情是难免的。英国思想家伯特兰·罗素认为，人类各种各样的不快乐，一部分是根源于外在的社会环境，一部分根源于内在的个人心理。面对现实，以及面临生存的竞争，只有乐观才能让你勇敢的面对现实，永远立于不败之地。

要拥有乐观的心态，首先目光就要盯在积极的那一面。积极的人像太阳，照到哪里哪里亮；消极的人像月亮，初一十五不一样。乐观是成功者身上必不可少的一种品质。乐观能以幽默的眼光看待不愉快的事情，以轻轻一笑缓释痛苦，甚至以不幸中的万幸聊以自慰；乐观能在困难中看到光明，在逆境中找到出路，尽快走出阴霾，铸就辉煌；乐观能发挥自己的优长，激励自己的热情，开掘自己的潜能；乐观还能吸引和感染周围的人，争取他们的理解、支持与帮助。在乐观面前，一切都会不战而败，这就是乐观的力量。

乐观既是一种心态、一种情绪，更是一种素质、一种智慧，乐观的人总是能从平凡的事物中发现美。英国诗人威廉·华兹华斯曾有一首诗道出了这份独特的心境："我曾孤独地徘徊/像一缕云/独自飘荡在峡谷小山之间/忽然一片花丛映入眼帘/一大片金黄色的水仙/我凝视着——凝视着——但从未去想/这景象给我带来了什么财富/我的心从此充满了喜悦/随那黄水仙起舞翩跹。"见解之迥然不同，根源不在于事物，在于受者的心态。

青少年朋友不应在困难之时感叹人生苦短，要学会用笑脸来迎接悲惨的厄运，用百倍的勇气来应付一切的不幸，相信风雨过后的彩虹更美。

乐观与悲观，就像是阳光与阴影，作为朝气蓬勃的中学生，在面对小小的挫折和困难时，一定要时常保持乐观的心态，让生活处处充满阳光！也许就因为这一改变，会对你的人生发生直接的影响，使你生命的篇章重新书写。积极乐观的思想会带来积极的行动和反映，也会使你的生活变得更加丰富多彩。

莫道困苦是羁绊，乐观人生齐并肩。让我们背起乐观的行囊，高歌"长风破浪会有时，直挂云帆济沧海"吧。用自信、乐观去面对困难，用勇气和智慧去战胜困难，这样风雨激荡过后，一定会迎来一个美丽、不平凡的人生！

3.竞争才能让自己走得更远

21世纪是一个充满竞争的时代。只有竞争，才有发展，竞争是社会发展的催化剂，是人们取得成功的动力。现代社会，无不充满了激烈的竞争，或明争，或暗斗，或强攻，或智取，勇者斗力，智者斗计。作为21世纪的中学生，在面对改革开放、科技进步和市场经济的大潮，必须培养健康的竞争心理，提升竞争力，这对自身的健康成长是大有好处的。竞争是中学生实现自我完善的一个过程，因为在竞争过程中，中学生需要不断地调节自身的思维、情感和行为方式，发挥自己的潜能。通过竞争，中学生才能认识到自己的力量，自己的不足，才能不断地进取。

§竞争是成长的动力§

每个人都有争强好胜之心，只有在和别人相比之下，才能进步得更快。就中学生而言，竞争是实现自我价值而做出的不懈努力，从而使自己的优势得以充分挖掘和发展，将来为祖国贡献更大的力量。竞争让人们满怀希望，朝气蓬勃。这是一种健康的心理。

竞争是实力的展现。拥有丰富的知识，掌握比较多的技能，善于把握时机，敢于展示，才能更好地表现竞争能力。在社会中庞大的求职大军中，经常会出现这样的情况，在同等学历的毕业生中，或多一个外语能力；或多一个计算机能力；或多一个写作能力；或多一个公关能力等，都会引起用人单位的特殊兴趣，并先行选择他来从事某一职业。因此，培养竞争能力的重要前提是提高综合实力，而不仅仅是一种争强好胜的抽象意识。

竞争是人格的考验。竞争的目的是为了使人们在危机感中不断寻找拼搏前进的新的制高点，让每个人的才能得到充分的发挥，从而使人类的精神和物质财富得到空前的丰富。违背这一目的的行为就是不正当的竞争，充其量只能是对社会财富、他人利益掠夺的权术，是人格和道德的堕落。因此我们说，竞争是对人格的考验，所以，在学生在和他人进行竞争时，一定要有一个正确的目的。

除此之外，竞争还会给人们带来以下好处：

1. 竞争能激发人的创造精神，它使人体充沛，思维敏捷，反映灵活，想象丰富；

2. 通常情况下，人只能发挥自身潜能的 20%~30%，而在竞争过程中，人处于紧张的情绪状态，这种情绪有利于个体潜能的发挥；

3. 通过竞争，能够使人们增强信心，从而树立更高的奋斗目标；

4. 竞争中的失败者通过总结经验，调整目标与行动方式，为进一步取胜打好基础。

在竞争面前，中学生朋友对待竞争对手的态度一定要诚恳，不嫉妒、不报复竞争对手，要敞开心胸告诉对手："我想赶过你，和你一样有成就，让我们一起努力吧！"拳王阿里曾说："谁能战胜我，说明拳击事业发展了，这是我终身的追求——发展拳击。"竞争是激活机体的活跃细胞，它带来进步的活力，使胜利者继续前进，失败者急起直追；对强者是鼓励，对弱者是鞭策，其结果是"你我他"的共同发展。

总之，在瞬息万变、纷繁复杂的社会生活中，中学生朋友一定要努力培养自身的竞争能力，保持良好的竞争态度，如此才能应对

自如、稳操胜券。

§培养正确的竞争观§

在当今社会，受各种环境的影响，大部分中学生都有着较强的竞争心态和成功欲望，但往往由于缺乏正确的竞争观、人生观的理论引导，再加上他们正处于心理发育不够完善的特殊期，对竞争容易产生错误的、片面的理解，认为竞争就是不择手段地战胜敌人，过分看重每次竞争的结果，或不能正视竞争的结果，致使竞争恶性化，从而阻碍了良性的健康发展，引起心理障碍，损害身体健康，甚至造成事故或产生越轨行为，走上犯罪道路。因此，中学生树立一种正确的竞争观尤其必要。

那么，中学生应该如何培养正确的竞争观呢？

第一，要调整好心态。有的同学在学习上总是一味地担心别人会超过自己，他们总是焦虑地扫描着竞争对手的成绩，一旦发现对手在某一方面超过了自己，心理就会"咯噔"一下，心跳加快，血压升高，久而久之便产生了嫉妒心理。这种不良的竞争心态对中学生的危害是非常大的。所以，中学生一定要对竞争保持一个良好的心态，要敢于接受挑战，积极地参与竞争。

第二，要对自己有一个客观的、恰如其分的评估，努力缩小"理想我"和"现实我"的差距。在制订目标时，既不好高骛远，又不妄自菲薄，要把长远目标与近期目标有机地统一起来，脚踏实地地一步一个脚印地做起，这样才有助于"理想我"的最终实现。

第三，要在艰苦的现实环境中磨炼自己。绝大部分中学生都是有理想、有抱负的，他们对现实的环境和条件普遍表现出不满足，总是想通过自己的努力奋斗来改变现状，但对于到底该怎样改变又显得到比较茫然，这就需要在日常生活当中通过磨炼自己来积累竞争的资本，从小的竞争舞台走向大的竞争舞台。这是对自身的一种磨练，同时也需要很大的勇气。

第四，要注意培养自己的创造性思维能力。一位未来学家曾预言："从某种意义上我们可以说，历史留给人类唯一的任务就是要求每个人都必须从事不同程度的创造性工作，而这一任务的完成，只有创造性地发掘和培养每一个受教育者的创新精神，才有可能。"因此，为了适应未来的竞争，中学生应在平时的学习中努力开拓自己的创造能力，以便于创造性思维的培养。比如，积极的参加兴趣小组，阅读课外书籍，创作小论文等。

第四，在竞争中要能审时度势，扬长避短。一个人的需求、兴趣和才能是多方面的。如果在实战中注意挖掘，就有可能带来"柳暗花明又一村"的新局面。这样不仅能增加成功的机会，减少挫折，而且还会打下进一步发展和取胜的好基础。当然，成功了固然可喜，失败了也问心无愧，如果从中悟出了一番道理，或者在竞争中学到了知识，增长了才干，那么这种失败或许更有价值，它很有可能会成为明天成功的起始。

总之，中学生在面对竞争时，应多一份坦然，少一份惊恐；多一份自信，少一份软弱；多一份努力，少一份埋怨。当你斗志昂扬地去接受每一次来自生活或学习的挑战时，你会发现，其实竞争并不是你想象得那么残酷，那么可怕。而且，当你真正地进入到竞争状态时，你会发觉自己突然活得充实起来，因为你会在竞争中找到自己的人生价值所在，你甚至会找到那种不得不佩服自己的美好感觉。人生不正是因为有了奋斗才变得多姿多彩吗？人不正是因为有了竞争才让自己走得更远了吗？

4.人生最大的满足是付出

生活中，人们总是想办法去获得却不愿付出。但是如果你把眼光放长远一点，你就会发觉，原来付出也是一种收获。人们常说："一分耕耘，一分收获"。没有付出，何来的收获。有付出才会有收获，唯有不断流动更替的水才会充满氧气，如此鱼儿才会有舒适的生存空间，为湖泊增添生命活力。有舍才会有得，只要不吝于付出，在付出的同时，我们便能腾出新的空间，容纳新的机会。付出也是一种幸福，人生最大的满足就是付出。

付出是新一代中学生的使命与价值。

§天下没有免费的午餐§

白吃午餐的习惯不会使一个人步向坦途，只能使他失去赢的机会。而勤奋工作才是唯一可靠的出路，工作是我们享受成功所付的代价，财富与幸福要靠努力工作才能得到。

很久以前，有位英明的国王，在他的统治下，人民过着丰衣足食、安居乐业的日子。深谋远虑的国王担心他死后，人民是否还能过上幸福的日子，于是他召集了国内的有识之士，要他们找出一个能确保人民生活幸福的永恒法则。三个月后，这些学者完成了一本洋洋洒洒十二卷的巨作，他们骄傲地宣称："陛下，各个时代的智慧精华都在这里面。"国王则不以为然，因为他认为人民不会花那

么多的时间来看书，所以命令学者们浓缩一下。两个月后，学者们把书简化成一本，国王还是不满意。又过了一个月后，学者们把一张纸呈上给国王，国王看了看，非常满意地回答："很好，只要我的臣民能真正明白并奉行这宝贵的智慧，我相信他们一定能永远过着幸福的生活。"说完便给了那些学者以重重的奖赏。

原来，这张纸上只写了一句话：天下没有免费的午餐！

每个人都渴望成功，然而很多人想成功却又不愿付出劳动，不是想着以自己的劳动去获得成功的果实，而是妄想着靠自己的投机取巧，或者碰运气来获得成功，殊不知，天下没有免费的午餐！只索取，不付出，那么你的收获将不能持久，你也会逐渐陷入绝境。

在这个世界上，通常有这样一些人，他们总是想得到，可他们总是得不到，因为他们从来都不想先付出。他们希望得到成功者的帮助，可是他们却不想先为成功者做一些事情，他们总是非常自私的想得到，而舍不得先付出，他们不懂得"付出才有回报"的道理，这种心态往往注定了他们的失败。

一个穷汉每天都在田地里干活，觉得非常辛苦，因而时常抱怨上天不公。一天，他突然想："与其每天辛苦工作，不如向神灵祈祷，请他给我财富，供我今生享受。"

他非常高兴自己能够想出如此好的方法，于是把弟弟叫来，把家业委托给他，又吩咐他到田里耕作谋生，别让家人饿肚子。安排好这一切后，他就独自来到天神庙，为天神摆设大斋，供养香花，不分昼夜地拜，毕恭毕敬地祈祷："神啊！请您让我过上安稳的日子吧！让我财源滚滚吧！"

天神知道了这个穷汉的愿望，心想："这个懒惰的家伙，自己不干活，却想谋求巨大财富。即使他在前世曾做布施，累积功德，也没有用的。不妨用些方法，断了他这个不合实际的念头吧。"

于是，天神化作了穷汉的弟弟，也来到天神庙，跟他一样祈祷求福。

哥哥看见了，不禁问他："你来这儿干什么？我不是吩咐你去地里播种吗？"

弟弟说："我也要向天神求财求宝，让他保佑我一生衣食无忧。纵使我不努力播种，我想天神也会让麦子在田里自然生长的。"

哥哥一听弟弟的话，立即骂道："你这个混账东西，不在田里播种，想等着收获，根本就是不可能的事。"

"弟弟"听见哥哥骂他，却故意问："你说什么？再说一遍听听。"

"我就再说给你听，不付出劳动，哪可能收获果实？你不妨仔细想想看，你太傻了！"

这时天神才现出原形，对哥哥说："诚如你自己所说，不付出就没有收获。"

古语云："一分耕耘，一分收获。"想要收获，就要先去耕耘播种。对于新世纪的中学生来讲，只有脚踏实地地付出努力，才能改变命运，才能过上快乐、幸福的生活。

§要想有所收获，就必须付出§

曾有一个人在沙漠里行走了两天，途中遇到沙尘暴。一阵狂沙吹过之后，他已辨认不出正确的方向了。正当快支撑不住时，突然，他发现一幢废弃的小屋，这时他拖着疲惫的身子走进了屋里。这是一间不通风的小屋子，里面堆了一些枯朽的木材。他几近绝望地走到屋角，却意外地发现了一台抽水机。

他兴奋地上前汲水，却任凭他怎么抽水，也抽不出半滴水来。他颓然坐地，却看见抽水机旁，有一个用软木塞堵住瓶口的小瓶子，瓶上贴着一张泛黄的纸条。纸条上写着：你必须用水灌入抽水机才能引水！不要忘了，在你离开前，请再将水装满！他拔开瓶塞，发现瓶子里果然装满了水！

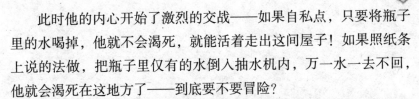

第
三
章

精
神
升
华

——
无
悔
青
春
的
使
命

此时他的内心开始了激烈的交战——如果自私点，只要将瓶子里的水喝掉，他就不会渴死，就能活着走出这间屋子！如果照纸条上说的法做，把瓶子里仅有的水倒入抽水机内，万一水一去不回，他就会渴死在这地方了——到底要不要冒险？

最后，他决定把瓶子里仅有的水，全部灌入看起来破旧不堪的抽水机里——他用颤抖的手汲水——水真的如喷泉似的涌了出来！

他将水喝足后，把瓶子装满水，用软木塞封好，然后放在原处，并在纸条上加上了他自己的话：相信我，真的有用；在取得之前，要先学会付出！

不要去怀疑付出没有收获，尽管去做吧，提前的付出也许会获得意想不到的收获！把奉献放在前头，你才有收获的机会！只有甘愿多付出，才能收获回报。

日常生活中，做人如此，做事如此，与他人之间的交往亦如此。

事实证明，心底越无私、越坦诚与人交往，赢得的友谊就越多越深厚。因为你的付出，不仅是物质上的舍弃，更是一份情感上的真诚。你以真诚和无私对待他人，必然会收获友谊，赢得他人的尊重和关爱。这种人与人之间的相互支持和帮助，就是一笔无形的财富。这正如一位哲人所说："你希望别人怎样对待自己，你就要首先怎样对待别人。"

付出是一种人生修养。付出是给予、是奉献、是无偿的。这种"付出"使别人得到快乐和满足，自己也会从他人的欢欣与快慰中得到精神上的满足与幸福。

没有付出就没有收获，也别妄想以较小的付出获得巨大的收获和成功，要想有超乎常人的收获，就必须有超乎常人的付出。希望中学生朋友能牢记这一使命，成为理想远大的新一代。

105

5.急于求成往往导致失败

现实生活中，我们经常会碰到这样的事情：出门时，手里拿着钥匙，却急着找钥匙；急着给人写纸条，笔就拿在手上，却睁大眼睛到处找笔。甚至有时候，要找的东西翻箱倒柜找遍了都没找到，过了几天却在最显眼的地方发现了。这都是由急切慌乱所导致的结果。人如果一着急，就会手忙脚乱、眼花缭乱，明明在眼皮底下的东西却怎么找都找不到。

这就告诉中学生们一个道理：无论做什么事，都要保持冷静，从容镇定，不要急急忙忙、心慌意乱。要知道"心急吃不了热豆腐"，急切慌乱不但解决不了问题，还会更加拖延时间，于事无补。虽然这些事在一定程度上决定于一个人的性格，但也反映了一个人的涵养功夫。因此，在这一方面中学生朋友要多多锻炼自己。

§急于求成只会适得其反§

许多中学生在生活与学习中，为了能够迅速攀到"顶峰"，常常会产生一种急于求成的错误想法，在这种想法的指导下，往往事与愿违。

做事若急于求成，就会像饥饿的人乍看到食物，狼吞虎咽地吞食，反而会引起消化不良。要明白，急于求成是永远不会获得想要的效果的，只有脚踏实地才能获得最终的成功。

一位农夫在地里种下了两粒种子，很快它们就变成了两棵同样大小的树苗。第一棵树开始就决心长成一棵参天大树，所以它拼命地从地下吸收养料，储备起来，用以滋润每个细胞，盘算着怎样向上生长，完善自身。因此，在最初的几年，它并没有结果实，这让农夫很恼火。而另一棵树同样也拼命地从地下吸取养料，打算早点开花结果，它做到了这一点。这使农夫很欣赏它并经常浇灌它。

时光飞转，那棵久不开花的大树由于身强体壮，养分充足，终于结出了又大又甜的果实。而那棵过早开花的树，却由于还未成熟，便承担起了开花结果的任务，所以结出的果实苦涩难吃，并不讨人喜欢，而且自己也因此累弯了腰。农夫诧异地叹了口气，终于用斧头将它砍倒，当柴烧了。

由此不难看出，急于求成只会导致最终的失败。

因此，要想做好一件事，绝不能着急，并不能由着自己的性子来。要先查明事情的原因，这样才能稳操胜券。但有些人却不明白，一遇到事情，就恨不得立即弄个水落石出，一针扎出血来。其实这不仅办不成事，还会把事情弄得一塌糊涂。事实上，急于求成就是渴望自己在最短的时间内获得最大的进步，而急于求成的心态是自己平日只看见他人的成功而忽略了其成功背后所付出的艰辛所致。

§要成功，必须学会等待§

俗话说，"欲速则不达"。当一个人心理浮躁、好高骛远的时候，即使他有着良好的成功素质，也是难以完善自己，成就事业的。

一个人要想成功，有时必须学会等待，就像买彩票一样，没有人能一下子就买到自己所期望的结果。在做某些事情时，如果不懂得等待，不仅不会"锦上添花"，反倒会"雪上加霜"。

有一个男孩在草地上发现了一个蛹，他把蛹捡起来带回家，要

看看这蛹到底是怎样孵化成蝴蝶的。

过了几天，蛹上面出现了一道小裂缝，里面的蝴蝶挣扎了好几个小时，身体似乎被卡住了，一直出不来。

小男孩看着蝴蝶的痛苦挣扎，于心不忍，于是，他拿起剪刀把蛹剪开并帮助蝴蝶脱蛹而出。可是，这只蝴蝶的身躯臃肿而翅膀干瘪，根本飞不起来，不久就死去了。

这则故事的寓意说明必须瓜熟，方能蒂落，必须水到，方能渠成。所以，作为新一代的中学生，不妨放远眼光，注重自身知识的积累，厚积薄发，自然会水到渠成。

在成长过程中，磨炼、挫折、挣扎，这些都是必须经历的。急于成功的人，别忘了一句哲人的名言："人生必须背负重担，一步一步慢慢地走，总有一天，你会发现自己才是那走得最远的人。"

人生是由无数个小目标组成的，也是由无数个对目标的等待组成的。每样东西都不会一下子来临，等待是必然的。当你缺乏耐心的时候，目标也就离你而去。要想成功，就不要急于求成、心浮气躁，要善于积累，善于等待。

有这样的一则小故事：有一种鸟叫鱼郎鸟，它的体态十分轻盈，浑身羽毛油黑发亮。它头颈的转动频率之快十分惊人，大约一秒钟就有三次左右。它的目的，自然是搜寻猎物。

果然，它瞄准了一处深水湾，那里鱼儿成群，正在来回游动。鱼郎鸟得意地用嘴整理一下羽毛，而后挺直身子，子弹一样射向正对深水湾的空中，稍一停顿，又炮弹一样"嘟"的一声扎进水里。

都以为它在这一瞬间会叼起一条鱼来的，其实错了——它是直入水底后迅疾将身子收作一团，蜷缩在湾底的沙石上。起初被惊得四散而逃的鱼儿见无什么动静后，又慢慢围拢过来，好奇地看着那团射进水里的，被阳光弄得光怪陆离的东西，有的鱼儿甚至凑近去试探地叮咬几下，希望那里是一团美味。

此时的鱼郎鸟，看似不动声色，其实正微张双眼四下观望。果

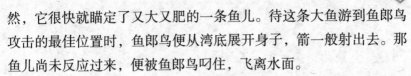

然，它很快就瞄定了又大又肥的一条鱼儿。待这条大鱼游到鱼郎鸟攻击的最佳位置时，鱼郎鸟便从湾底展开身子，箭一般射出去。那鱼儿尚未反应过来，便被鱼郎鸟叼住，飞离水面。

由此说明，等待是生存的重要技能。不会等待，就不会生活；不会等待，最终将一无所获。要生存，就必须学会积极的等待，学会在等待中蕴积力量，在等待中涵养锐气，在等待中寻觅机会！

世间万物无一例外：

梅花斗雪，独立寒枝，那是在等待春天！

雨声潇潇，花木入梦，那是在等待晨曦！

江河咆哮，一泻千里，那是在等待入海！

等待是一种力量的产生。等待的过程是一个不断蓄水的过程，在等待的过程中能锻炼你的耐心和毅力。期待成功的过程也就是脚踏实地、勤奋耐劳的过程。"卧薪尝胆"的故事告诉我们如何等待才能获得成功，要想东山再起，从失败中崛起，只有耐心等待，只有埋头苦干，当你蓄足了能量，一旦时机成熟，便把积蓄的力量全部释放出来，此时的人生，定会像花儿般绚烂夺目，芳香四溢。

等待是一种意志力的磨炼。在等待中会产生两个敌人：一个来自外部，一个来自内部。一位成功的交易者说："他总是张着两只眼，一只望着对方，一只永远望着自己。任何时候，最大的敌人，就是你自己。校正自己，永远比观察对方重要。"演绎这个过程的等待，就表现在谁的意志力坚忍，谁就会产生强大的影响力，不善于等待、急于求成的人是永远不会成功的。

等待也能使你更加成熟。在等待的过程中，你有时间好好地考虑问题，能使你发现错误和不足，能让你更好地审时度势，也能使你悟出许多人生真谛。耐心地等待，是生命中获取成功不可或缺的元素。新世纪的中学生必须丢掉急于求成的浮躁心理，学会积极的等待，学会用等待驱散阴霾，用等待走出逆境，用等待迎接命运的每一次挑战！

6.暂时的挫折是一种幸运

现实生活中，人人都会遭受不同程度的挫折。而中学生身心发育尚未成熟，社会阅历少，遭受挫折更是难以避免。因此，对于正处在人生转折点的中学生来说，培养一种良好的心理素质，正确面对挫折，对今后挑战人生来说尤为重要。

古人云："人生之不如意者十之八九。"在人生的道路上，不如意的事情总是占大多数，尤其是那些成功人士，他的成就越大，碰到的困难和挫折也就越大，困难和挫折总是和成功相伴而行的。暂时的挫折实际上是一种幸福，因为它会使你向着不同的但却是更准确或者更美好的方向前进。由此可见，假如一个人能够具备正确的挫折观，挫折不仅不是坏事，而且还可以成为一种积极的心理动力。它可以增强一个人解决问题的能力，引导一个人以更好的方法或更好的途径去实现目标，并最终走向成功。

§成长需要挫折§

挫折是成长之路上必经的岔道口。一个人如果没有挫折的支撑，那么他永远不会面临选择去决定他下一步该踏上的旅程。

挫折是痛苦背后的一道曙光。假如你认为挫折是你的绊脚石，阻碍了你前进的脚步，凝固了你的血液，那么你错了。在挫折中，蕴含了巨大的财富，你潜心挖掘，那么它送给你的便是成功的密

钥，引领你打开挡在你面前的每一扇大门。要明白，幸运和挫折只是相对的，有勇气面对挫折，并通过努力去改变现状，挫折也会成为一种幸运。

挫折可以激发起一个人向自己挑战的勇气，这种向自己挑战的内在冲动一旦化为行动，世界上任何挫折都不会使他屈服。

对于一个成功者来讲，遭遇挫折正是他向自己挑战的时机。他要不断地向怯懦挑战，变怯懦为无畏。假如不能战胜怯弱，他就无法在成功的路上继续走下去。在挫折面前，成功者能够坦然面对、倍加珍惜，把挫折视为人生路上的不懈动力。而失败者却惆怅万千、止步不前，把挫折视为生活中的铜墙铁壁。

人生之路漫长且坎坷，而人们不愿接受的挫折也接踵而来，让人倍感神伤。但也因为挫折的来临，经历种种磨难打击之后，才使人类有了激昂的斗志，折射出了人们身上无穷的力量。对成功者来说，挫折是一种考验。众所周知，任何重大的成功往往都要经过一波三折方可获得。镭的发现者——玛丽·居里在研究镭的过程中也是充满了挫折，兄弟、丈夫在实验中丧生，家庭经济因为实验而捉襟见肘，一次又一次的失败，一次又一次的挫折打击着她，但她没有放弃，没有沉沦，而是在一次次的挫折中奋起，最终研制出镭，获得诺贝尔奖，同时也造福了人类。

美国总统林肯，世界闻名，而挫折却一次次降临到他的身上。他的部分简历记满了被"挫折"光临的轨迹。9岁母亲去世，生活窘迫；22岁经商失败，债务缠身；23岁竞选议员失败，连工作也丢了；26岁结婚前夕，女友突然病逝；29岁竞选议长失败；37岁当选国会议员；39岁国会议员连任失败；46岁竞选参议员再次失败……直到51岁，林肯才当选总统。不难想象，如果没有忍受失败的毅力，没有挑战挫折的勇气，林肯能取得成功吗？

挫折是一种珍贵的资源，也是一种人生的财富。对于拥有积极的人，每一个挫折中都蕴藏着幸运的种子。因为战胜挫折所取得的

经验是成长的财富，因为在与挫折斗争中积累的经验和激发的坚强是人生最宝贵的财富。温室里的种子永远不会长大，而只有在大自然中，经历无数次暴风雨洗礼之后，才能茁壮成长。生活中有了挫折，才有了无数个催人泪下、曲折离奇的感人故事，才使人生更有意义。

§面对挫折的正确态度和方法§

现代的中学生很多都具有争强好胜、个性十足的特点，但是，先天的幼稚和不断的成熟相互缠绕碰撞，渴望独立却丢不掉依赖；学业上沉重的压力，考试前后的紧张焦虑；复杂微妙的师生关系、同学关系、异性关系、家庭关系，以及青春期生理变化带来的困惑和骚动，都会令他们产生挫折感。一旦遭遇挫折，往往会采取过激的行为；或攻击，或自责，或冷漠退让，或放弃追求，甚至出现轻生行为。因此，接受挫折教育，提高耐挫能力，对中学生具有特别重要的意义。以下是几条建议：

1. 在遭遇挫折后，要明白挫折是任何人都不能避免的，具有普遍性、客观性。当自己设立的目标与实际目标产生差异时；当尽了最大努力还不能完成看来似乎不太高的目标；当自己的观念与社会相矛盾时；当自己认为合理的要求不能满足时；当升学考试落榜的事实降临时等，都会产生挫折。例如鲁迅曾彷徨过，歌德、贝多芬还曾想过自杀，但他们都顽强地战胜了自己的消沉和软弱，通过自己的努力，谱写出了辉煌的人生篇章。

2. 意识到挫折的两重性。挫折一方面有可能使人失望、痛苦、忧郁，但另一方面也可能使人聪明、坚强、成熟起来。挫折所包含的两重性对于人生来说具有重要意义，问题在于你自己从中学到了什么。中学生应该看到挫折的两重性，不应只见其消极面，而应以乐观的态度去面对生活中的一切。

3. 保持适中的自我期望水平。中学生正值精力充沛、朝气蓬勃的青春年华，对生活充满了希望和幻想，对学习和生活也抱有较高期望和较高要求，但由于对生活中所遇坎坷估计不足，对自身能力、知识水平缺乏等因素，所以一旦遇到不顺利的事就容易产生挫折感。因此，中学生在学习和生活中应根据自己的实际情况确定具体可行的目标，保持中等期望水平，从而使自己更容易接近成功。

4. 创设条件，改变环境。情绪反映总是在一定的社会情景中产生。因此，当你遇到困难时，改变你所处的环境，转移注意力，就可以达到消除消极情绪的效果。

5. 合理的宣泄。是指在不妨碍或伤害他人的前提下，以自己和他人能接受的方式达到"分流"的目的。宣泄有直接和间接两种方式。直接宣泄即直接针对引发挫折的刺激宣泄，比如大喊大叫等。当直接宣泄于己于人都不利时，可使用间接宣泄。向同学、亲友等人倾诉，并接受他们的劝慰和帮助。

在遭遇挫折、面对困难时，中学生朋友应对自己说："我没有理由停滞不前，我不能意志消沉，这是命运对我的考验。"如同一个突遇风雨的登山者，对于风雨，逃避它，你只有被卷入洪流；迎向它，你却能获得生存。经历过挫折，生命也就会平添了一份色彩，多一份精神食粮和财富。历经挫折的人，更知道怎样去珍惜生活，更明白生活蕴含的哲理。因为挫折是一道亮丽的风景，永远装点奋发向上的人生。

古人云："自古英雄多磨难。"面对挫折，应当拿出勇气和耐心，并对自己说："风雨中这点痛算什么"，主动出击，迎接挑战，直面挫折，笑对挫折，把挫折当作成功路上的垫脚石，然后拥抱胜利。

生活中，成功与挫折共同存在。要心存希望，不能拒绝挫折。这就像人们既然接受了生，便不能回避生命尽头的死一样。因此，

人不能因为迟早要死便丧失生的勇气，也不能因为有挫折而放弃对希望的追求。只有经历了挫折，才能懂得怎样面对挫折，怎样避免或减少挫折；才能勇敢地闯过生活中一个又一个挫折。为了生活，为了更美好的人生，中学生朋友们应心平气静地随时容纳挫折。因为，挫折也是一笔珍贵的财富。

7.真诚提升你的人格魅力

人格魅力的基本点就是真诚。人格魅力来自于完善的人格，真诚待人，恪守信义则是赢得人心、产生吸引力的必要前提。

一两重的真诚，其值等于一吨重的聪明。

——德国谚语

§圆融人际，"真诚"开启§

在影响人际关系的人格品质中，最受欢迎的六个人格品质是：真诚、诚实、理解、忠诚、真实、可信，它们或多或少、直接或间接的都同真诚有关。可见"真诚"是多么的重要。

在人际交往过程中，风采、风度是不能少的，但最需要的还是风骨——真诚。真诚在人际交往中是心与心相通的桥梁，是交往得以成功的关键和核心，是健康人格的一个重要组成部分。正如一篇文章中所说："你用真诚鸣锣开道，所有的心都会撤去岗哨。心与心是感应的，真诚、挚爱将在心的世界里长驱直入，一往无前。"

人与人交往需要心灵的沟通，坦诚地对待，要做到这些，就必须要真诚。真诚是一束鲜花，装扮着人们的生活；真诚是一缕阳光，能驱散人们心中的阴霾；真诚是一股清泉，能滋润人们干渴的心田；真诚是一杯美酒，能净化人们善良的灵魂；真诚是火焰，能

融化人际间的冷漠；真诚是那一声声亲切的问候，像春风迎面吹拂，而不是假惺惺的恭维、点头哈腰的应付。真诚是每一个人都应该具备的品质，中学生朋友更应该以真诚对待身边的每一个人，让真诚伴你成长，让真诚照亮你的前程。

《韩非子》一书中说："巧诈不如拙诚。"巧诈可能一时得逞，但时间一久，就露馅了。拙诚是指诚心地做事，诚心地待人，尽管可能在言行中表现出愚直，但时间长了，会赢得大多数人的信赖。《钢铁是怎样炼成的》一书的作者奥斯特洛夫斯基也曾说："人的美并不在于外貌、衣服和发型，而在与他的本身，在于他的心，要是人没有内心的美，我们常常会厌恶他漂亮的外表。"这些都充分说明，人与人之间的交流非常需要真诚，只有真诚待人，人们才能真正的拥有朋友，才能受到他人的尊重。

英国作家哈尔顿，一次，他为编写一本《英国科学家的性格和修养》的书而采访了达尔文。达尔文的坦率是人尽皆知的，为此，哈尔顿直接切入正题向达尔文问道："您的主要缺点是什么？"达尔文答："不懂数学和新的语言，缺乏观察力，不善于合乎逻辑地思维。"哈尔顿又问："您的治学态度是什么？"达尔文又答："很用功，但没有掌握学习方法。"听到这些话，谁不为达尔文的坦率与真诚鼓掌呢？按说，像达尔文这样蜚声全球的大科学家，在回答作家提出的问题时，说几句不痛不痒的话，甚至为自己的声望再添几圈光环，有谁会产生异议呢？但达尔文并没有这么做，而是实事求是，甚至把自己的缺点毫不掩饰地袒露在人们面前，这样高尚的品德，又怎能不使人们给予信赖和尊敬呢？

人世间，只要有了真诚，就会产生心灵的呼应，心灵的感召，心灵的直白；即使是遇到晚秋，也不会寂寞；即使是遇到冬夜，也不会觉得寒冷；即使是遇到挫折也不会产生气馁。

人与人之间如果有了真诚，便有了友谊的桥梁；便有了进步的阶梯；便有了成长的沃土；便有了融洽的氛围；便有了和谐的关系。

离开了真诚，则无所谓友谊可言。一个人只有用真诚的心声，才能唤起一大群真诚人的共鸣。"投之以桃李，报之以琼瑶。"用真诚交换朋友的真心，处处把阳光带给别人，那么，你的世界就会阳光灿烂，自己也会在这清纯的性格中得到极大的愉悦。

§真诚创造成功§

人与人交往最大的技巧就是真诚。通过观察周围的人你会发现：那些能言善辩、心思诡秘的人虽然总是咄咄逼人、表现活跃，却不一定是成功的人、受欢迎的人；而那些言语不多却真诚可信、朴实的人总是能吸引很多真心朋友围绕在他周围，从而也能在生活、事业上获得成功。这其中的道理很简单：每个人都渴望真诚，都知道那些表面的东西永远是不可信的、靠不住的。

真诚不是智慧，但是它常常放射出比智慧更诱人的色泽。许多凭智慧千方百计也得不到的东西，真诚却轻而易举就得到了。

在一个暴风雨的晚上，有一对老年夫妇走进一家旅馆要求住宿。前台一位看上去很年轻的服务员很抱歉地对他们说："非常遗憾，我们这里已经没有多余的客房了。"看到老夫妇一脸的无奈，年轻的服务员赶紧说："先生、太太，在这样的夜晚，我实在不敢想象你们这样的老人离开这里却又无处住宿的困境。如果你们不嫌弃的话，可以到我的房间里住一晚，因为今天晚上我要在这里值班。"第二天一早，当老先生要付住宿费的时候，那位年轻的服务员婉言谢绝了。他说："我的房间是免费借给你们住的，那不是公家的客房，所以不能收你们的住宿费。"老先生很感动地说："你这样的员工是每一个旅店老板都梦寐以求的，也许有一天我会为你盖一所旅店。"年轻的服务员听了之后笑了笑，他明白老先生的好心，但他只当这是一句感谢的话语，听过之后也就忘记了。

几年后的一天，那个年轻的服务员忽然收到了老先生的来信，

老先生邀请他到曼哈顿去见面，并附上往返机票。几天之后，年轻的服务员来到了曼哈顿，在一幢豪华的建筑物面前老先生对他说："这就是我专门为你盖的旅店，我以前曾经说过的，你还记得吗？我认为你是经营这家饭店的最佳人选。"这家旅店就是美国著名的渥道夫·爱斯特莉亚饭店的前身，这个年轻的服务员就是该饭店的第一任总经理乔治·伯特。乔治·伯特怎么也没有想到，自己的真诚竟换来了一生辉煌的回报。

其实，生活中的奇迹往往就发生在偶然之间，有时是因为你的一句问候；有时是因为你的一个行动，甚至是你的一个微笑或眼神。这些极容易做到的小事，却有着无比巨大的功能。它能让人如沐春风，给身处困境中的人带来一丝温暖和希望，让人们感受人间的美好，甚至重新鼓起生活的勇气。这种闪耀着人性火花的真诚所产生的价值，不是用数字就能估量的。

真诚会产生震撼人心的力量，它不仅能影响别人，改变别人，还能给自己带来意想不到的惊喜和回报。

"精诚所至，金石为开"，是说凭着真心诚意可以解决很多难题。有一位出版商刚出道时，希望能有个名作家的著作让他出版，但他没什么资本，一直不敢去和那些作家接触。可是他实在想做成这样一件事情，于是有一天便抱着他从报上剪下来的某位作家的文章，硬着头皮去登门拜访。他坦然地说明了自己的状况，也表明了出书的意愿，这位作家不置可否，但也没有给他坏脸色看，他无功而返。过了一个月，他又去看那位作家，诚恳地说明他的想法，就这样去了 10 次，前后经过了半年时间，他最终获得了这位作家一本新作。

这就是"精诚所至，金石为开"！也就是"真诚"的力量。

不可否认，真诚是处世行事的最好方法！发自内心的才能深入内心；只有内心的真诚，才能真正的取得共鸣。作为一名新世纪的中学生，应学会让自己真正的付出真诚，让这种人性的灵光成为内心的动力和创造力的源泉，为自己人格的完美和学业的成就展现出亮丽的彩虹。

8.承认错误是一种高尚精神

常言道："智者千虑，必有一失。"一个人再聪明，也总有失败犯错误的时候。人在面对错误时，往往有两种态度：一种是拒不认错，找借口辩解推脱；另一种是坦诚承认错误，勇于改正，并找到解决的途径。

古训云："见善则迁，有过则改"、"金无足赤，人无完人"。当代中学生在学习和生活中，由于知识和生活经验不足，犯一些错误是难免的。但要记住，有错误并不可怕，可怕的是犯了错误却没有勇气承认，没有改正错误的决心！只要能诚恳地承认错误，及时地改正错误，在承认错误的基础上，在改正错误的主观愿望下，不断汲取别人的优点和长处，错误才会升格为锤炼品格、提升境界的契机。

§犯错后，不要为自己找借口§

很多中学生在面对自己所犯的错误时，往往不愿意承认自己的过失，还会寻找各式各样的借口，试图逃避自己应承担的责任，或试图安慰自己内心中的愧疚。如果你如愿地做到了，那么你可能第二次还会犯同样的错误并能够再次找到"更好的"借口。所以，中学生应在一开始的时候就将寻求借口的路堵死，勇敢地面对错误，

承担责任。这样才会从错误中吸取教训，从失败中学习和成长。

日常生活中，一些人在做错事时，脑子里往往会出现想隐瞒错误的想法，害怕承认之后会没面子，于是抱着侥幸心理妄图掩盖错误，这样做的结果往往会由于拖延了解决问题的最佳时机而把小错拖成大错，最终酿成大祸！其实，承认错误并不是一件丢人的事，相反，从某种意义来讲，它还是一种具有"英雄色彩"的行为。因为承认错误越及时，改正和补救的机会就越大，而且，由自己主动认错也比别人提出批评后再认错更能得到别人的谅解和尊重。悟得了错误中的道理，战胜了失败，就能使自己在错误中得到进步。

乔治·华盛顿是美国第一任总统，他小时候聪明好动，对什么事情都抱有强烈的好奇心。有一次，他为了试试自己的小斧头是否锋利，竟把父亲心爱的一棵樱桃树砍倒了。父亲发现后非常生气，厉声问道："这是谁干的？"

华盛顿心里有些害怕，站在一边紧张地盯着父亲。过了一会儿，他鼓起勇气走到父亲身旁，满脸羞愧地说："对不起，爸爸，樱桃树是被我砍断的，我只是想试试自己的斧子是否锋利。"

父亲看着他，问道："难道你不怕我知道后打你吗？"

华盛顿勇敢地抬起头，说道："可是，无论如何我也应该告诉您真相。"

父亲听了华盛顿的话后怒气全消，语气温和地对他说："亲爱的，我很高兴你对我讲了真话，我宁愿不要 1000 棵樱桃树，也不愿听到你撒谎。"乔治·华盛顿从父亲的眼神里看到了原谅和期望，受到了莫大的鼓舞和鞭策。本着父亲的教导，华盛顿一生都把勇于承担责任作为人生的基本信条。

古人云："人非圣贤，孰能无过？"实践证明这是一条真理。试想，世上每个人谁能保证自己一生不会犯错误？所以，作为一名中学生，你没有必要害怕犯错误，关键在于你如何对待错误。一个敢于承认错误、勇于承担责任的人是值得信赖和重用的。

做一个诚实的人远比做一个优秀的人更重要。英国哲理诗人塞缪尔·科尔里奇曾教导自己的儿子："当你做错什么事情的时候，就应该像个男子汉似的立刻去承认错误。你的抱歉也许体现出你的愚拙，但是，他们却能够猜测得到你是一个非常诚实的人。一粒诚实，要远比一磅智慧强得多。我们可能因某人的聪明和智慧而羡慕他，但我们更因他所具有的美好品质而尊敬他、爱戴他。"德国著名作家歌德说过："最大的幸福在于我们的缺点得到纠正和我们的错误得到补救。"英国的生物学家达尔文也说过："任何改正都是进步。"中学生朋友应以这些伟人们总结出的经验和教训共勉——勇于承认错误，敢于承担责任，做一个对自己负责任的人！

§从错误中吸取教训§

所谓"前车之鉴"，是指人们不仅要从自身的经历中吸取教训，而且，还应对他人所犯的错误引以为戒。

一天，一个年轻人向年老的智者请教。

年轻人问："智慧从哪里来?"

智者说："正确的选择。"

年轻人又问："正确的选择从哪里来"?

智者说："经验。"

年轻人追问："经验从哪里来?"

智者说："错误的选择。"

原来，人很多时候是要犯些错误、经历失败，才会有成功的经验。

一次，丹麦物理学家雅各布·博尔不小心打碎了一个花瓶，但他没有一味地悲伤叹息，而是俯身精心地收集起了满地的碎片。他把这些碎片按大小分类称出重量，结果发现：10~100克的最少，1~10克的稍多，0.1~1克和0.1克以下的最多；同时，这些碎片的

重量之间表现为统一的倍数关系，即较大块的重量是次大块重量的
16 倍，次大块的重量是小块重量的 16 倍，小块的重量又是小碎片
重量的 16 倍……于是，他开始利用这个"碎花瓶理论"来恢复文
物、陨石等不知其原貌的物体。雅各布·博尔的这一行为给考古学
和天体研究带来了意想不到的效率。

　　大千世界，芸芸众生，哪个人不曾犯过错误呢？面对错误，有
人踩足捶胸，悔恨自己浪费时光和精力错失大好时机；有人像扔掉
一张废纸一样，将错误顺手一"扔"，看都不看一眼；只有那些独
具慧眼的人，才能透过错误的表象，发现蕴藏其中的经验、教训乃
至智慧，并因此而受益终身。

　　所谓"吃一堑，长一智"，是经验的总结，是智慧的积累，是
跌倒后爬起来的人对过去和未来的思考。错误和挫折教训了人们，
使人变得聪明起来了。善于吸取教训，是自我总结的过程，也是
一个学习的过程。人们在不断地总结自己的生活经验和他人的失败教
训的同时，使自己的思想境界不断地得到升华，能力不断地提高，
人生不断地走向成功。

　　那么，中学生该如何从错误中吸取一些经验和教训来，使个人
得到成长和进步呢？

　　1. 站在客观的角度认知与接纳错误。金无足赤，人无完人，生
活中的每个人都会或多或少地犯过错误，有趣的是，当人们越是不
能客观地认识、接纳错误时，它就会越是牢固地附在你身上，与你
作对。而如果你允许自己犯错误，并真诚地承认它、接纳它，它就
会逐渐远离你。

　　2. 善于调整、控制自己的情绪。在错误面前，有些人常常感受
到负面的情绪体验。殊不知，这恰恰是情绪带给人的意义：它提醒
人们要注意这个问题，要采取行动去解决它。情绪具有推动力，这
也是错误具有推动人们前进的原因。

　　3. 直接学习。在生活中，人们通过身体力行体会到的第一手经

验，可为今后的生活提供极为有益的借鉴。

　　总之，在错误面前，中学生朋友要保持良好的精神与心理状态。要明白，无论什么事情，都有两面性，关键是你在看到不好的一面时，找到和提炼出一些具体的改进方法，从而总结经验一步步向前迈进。

9.持之以恒——为你的成功把关

人世间最容易的事，通常也是最难的事，最难的事也是最容易做的事。说它容易，是因为只要愿意去做，人人都能做到；说它难，是因为真正能做到并持之以恒的，终究只是极少数人。

生活中，半途而废者经常会说"那已足够了"、"这不值"、"事情可能会变坏"、"这样做毫无意义"……而能够持之以恒者会说"做到最好"、"尽全力"、"再坚持一下"……因此说，能否持之以恒、坚持不懈，是界定一个人成功与失败的分水岭。

§ 贵在坚持 §

"一年之计在于春，一日之计在于晨"，这句话告诉我们开头或起步的重要性，我们也常常用"好的开端是成功的一半"来提醒、勉励自己，一定要开好头，起好步。但是，要获取成功，还需要坚持到底。"行百里者半九十"，如果坚持不到终点，就会失去差不多全部的意义。所谓"笑到最后的笑得最好"，说的就是这个意思。在许多跑步比赛中，开始跑在最前面的，不一定能够夺冠，恰恰是坚持得最好的，往往是冠军得主。

坚韧隐忍的性格、高贵美丽的心灵，是中学生朋友应该具备的重要品质。生活中，每个人都会遇到困境。在漫长的困境中，往往产生恐慌和绝望。在恐慌和绝望之下，很多人失去了坚持下去的勇气。殊不知，在这困境的死寂之中，往往需要再坚持一下，就能收获成功的果实。要明白，困境是人生必不可少的经历，缩短它，等于一年中少了寒冬和酷暑。驾驭困境是强者的表现，急于解脱、妥协或投降只能让自己失去更宝贵的磨炼阶段，只能收获青涩的果实。

有两个人偶然与神仙邂逅，神仙授他们酿酒之法，叫他们选端阳那天饱满起来的米，冰雪初融时高山流泉的水，调和了，注入深幽无人处千年紫砂土铸成的陶瓮，再用初夏第一张看见朝阳的新荷覆紧，密闭七七四十九天，直到鸡叫三遍后方可启封。

像每个传说里的英雄一样，他们历尽千辛万苦，找齐了所有的材料，把梦想一起调和密封，然后潜心等待那个时刻。

在漫长的等待中。第四十九天到了，两人整夜都不能寐，等着鸡鸣的声音。远远地，传来了第一声鸡鸣，过了很久，依稀响起了第二声。第三遍鸡鸣到底什么时候才会来？其中一个再也忍不住了，他打开了他的陶瓮，惊呆了，里面的一汪水，像醋一样酸。大错已经铸成，不可挽回，他失望地把它洒在了地上。

而另外一个，虽然也是按捺不住想要伸手，却还是咬着牙，坚持到了三遍鸡鸣响彻天光。多么甘甜清澈的酒啊！只是多等了一刻而已。从此，"酒"与"洒"的区别，就只在那看似非常普通的一横。

现实中，成功者与失败者的区别，通常不是机遇或是更聪明的头脑，只在于成功者多坚持了一刻——有时是一年，有时是一天，有时仅仅只是一遍鸡鸣。

这则故事告诉人们，许多事情并不是一蹴而就的，要想取得成功，做出成就，永远都不应该急躁、冲动，抑或是感情用事，具有较强自制力的人才是生活的强者。

杨梦衮曾说："作之不止，可以胜天。止之不作，犹如画地。"

这句话是要告诉世人坚持下去的道理。世上的事，往往再坚持一下，就能取得成功。但如果停下来不做或把目光放在别处，那就如画饼充饥一样，永远达不到目的，梦想也永不会变成现实。

这个道理浅显简单，但在实际生活中，人们却常常忽视了它。我们常常会有"为山九仞，功亏一篑"的遗憾。有时，我们距成功就一步之遥，但偏偏在最后的关头放弃了努力，与胜利擦肩而过，这多么令人懊悔！所以说，凡事贵在坚持，只要坚持，梦想就会成真！

坚持是一种人生境界，是一种品质、一种意志、一种精神。所以说，人类所有的竞技，几乎都是坚持的较量；人类所有的创造，几乎都是坚持的作用；人类所有的成功，几乎都是坚持的结果。

一鸣惊人的人，肯定是默默无闻地过一段相当长的时期；豁然开朗的境界，必然得经过一段昏暗狭窄的路程；领略无限的风光，一定是在艰辛地攀登之后。科学园地里每一朵耀眼的花朵，无一不是在长期坚持中绽放的。坚持无时不有、无处不在，坚持无坚不摧、无所不能。在成长的道路上，中学生朋友唯有学会坚持，方能领略成功的喜悦。

§让坚持成为一种习惯§

时间是世界上最伟大的力量，即使是大力神也不能与时间去抗衡、较量。或许有些时候、有些事情、有些人或有些外界的东西也可能具有很强的力量，但是请相信：只要坚持下去，时间的威力就会逐渐显示出来。上帝处罚人不一定会直接去惩罚他，有时候只是让他行动迟缓而已。幸运的女神总是会给那些勇于坚持的人以更多的青睐。因此，中学生应该学会让坚持成为一种习惯。

开学第一天，苏格拉底对他的学生说："今天咱们只学一件最

126

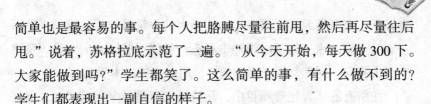

简单也是最容易的事。每个人把胳膊尽量往前甩，然后再尽量往后甩。"说着，苏格拉底示范了一遍。"从今天开始，每天做 300 下。大家能做到吗？"学生都笑了。这么简单的事，有什么做不到的？学生们都表现出一副自信的样子。

过了一个月，苏格拉底问学生们："每天甩手 300 下，哪些同学在坚持着？"有 90% 的同学骄傲地举起了手。

又过了一个月，苏格拉底又问，这回，坚持下来的学生只有八成。

一年以后，苏格拉底再一次问大家："请告诉我，最简单的甩手运动，还有哪几位同学坚持了？"这时，整个教室里，只有一人举起了手。这个学生就是后来成为古希腊另一位大哲学家的柏拉图。

柏拉图为了自己心中的梦想，努力奋斗，坚持到底，最终走向了成功。这则故事很好地印证了"世界上永远都没有做不到的事，难得是你愿不愿意做"。

下面再来看一则故事：

德士鼓是美国一家石油公司，一次在旧金山的河谷里寻找天然气，当气井打到 5000 英尺深的时候，仍不见天然气，这时人们开始灰心，不想再做下去，认为这里肯定没有天然气，否则早就有结果了。于是他们草草收兵，把此井当成了废井放弃了。

美国石油大王哈默得知这一消息后，暗自高兴，他立刻请来石油天然气专家一同前往现场考察，经过详细勘察分析，专家们一致认为：如果德士鼓能够再坚持下去的话，很可能就会成功。哈默听了专家的评价后，毫不犹豫，立即组织人员，在原来的基础上，又往下钻进 2000 英尺，结果收获了意料的惊喜。就这样，哈默获得了一笔可观的财富。

"水滴石穿，绳锯木断"这个道理人人都懂，然而，是什么对石头来说微不足道的水能把石头滴穿？柔软的绳子能把硬邦邦的木

头锯断？究其根源，还是坚持。一滴水的力量是微不足道的，然而一滴又一滴的水坚持不断地冲击石头，就能形成巨大的力量，最终把石头冲穿。同理，绳子懂得坚持，所以才能把木锯断。

在所有的体育比赛项目中，马拉松比赛是最令人乏味的，但又是最耐人寻味的。在奥运会上，马拉松比赛往往是最后一项赛事，因为它最能体现完备的体育精神。马拉松比赛的时间是以时、分、秒计算的，而人的一生要以数月、数年、数十年来计算。人生这场马拉松比赛，也就更漫长、坎坷和艰难，更需要忍耐、坚持和奋斗。要在漫长的人生旅途中有所作为，只能靠恒心去挺、去忍、去拼搏！

功到自然成，成功之前难免有失败，然而只要能克服困难，坚持不懈地努力，那么，成功就在眼前。对于中学生而言，无论是在生活中还是学习中，一定要学会坚持。只有坚持才能获得成就，释放耀眼的光芒，打造灿烂和辉煌的人生！

第四章　人格塑造
——完善自我的使命

　　对于中学生的成长来说，解决"如何做人"的思想问题，才能健康成长，进而成为有用之才。

　　在人的一生中，青少年时期是极其重要的一个阶段，然而在青少年成长过程中，什么是最重要的呢？事实上大凡有所成就的人，他们身上都有着聪明、善良、正直、勇敢、坚强、责任心……中学生正处在人生观、世界观、价值观逐渐形成时期，所以学着做一个健全的人、做一个高尚的人、做一个聪明的人，对今后的人生旅途所起到的"启蒙"作用是不可估量的。

1.换位思考，让你的社交更加光彩

一位智者说过："把自己当作别人，把别人当作自己；把别人当作别人，把自己当作自己。"这句话告诉人们要学会换位思考。孔子说："己所不欲，勿施于人。"如果你没有换位思考，等待你的极有可能是失败、痛苦、沮丧、泪水，甚至是无底的深渊；如果你换位思考，迎接你的可能是胜利、轻松、希望、微笑、支持，甚至是至尊的荣耀。天地之差，生死之别，尊卑之成因，好坏之缘由，可能仅仅是由于换位与否。

中学生在人际交流上具有这样一种心理特征：自己一方面渴望得到别人的理解，但同时又很少主动地去理解别人，在对待老师方面，这一心理特征表现得尤为突出。在人际交往中要学会换位思考，不要只站在自己的立场上去看待或衡量别人。

§多站在别人的角度思考问题§

换位思考是理解别人的想法、感受，从对方的立场来看事情。但是不幸的是，许多人换位思考却缺少了这一个要素。他们或是站在自己的位置上去"猜想"别人的想法及感受，或是站在"一般人"的立场上去想别人"应该"有什么想法和感受。这种换位思考并不是真的换位思考，而是以本位主义来了解别人的想法及

感受，这并非真正地为别人着想，因为它忽略了"对方"真正的想法及感受。

人与人相处，要学会换位思考。人与人之间要互相理解，信任，并且要学会换位思考，这是人与人之间交往的基础——互相宽容、理解，多去站在别人的角度上思考。若常常表现出"以小人之心度君子之腹"，用怀疑的眼光看对方，这样往往会误解别人。

在人际交往中，有时会有很多误解或是交往中碰到的矛盾，很多时候都是因为在考虑问题时，只考虑了自己，而忘了从对方的立场来看问题。下面是在日常生活学习中的一些典型情境：上完晚自习回到宿舍里，张同学给家里打电话，通电话的时间比较长，其他三位同学也想给家里打电话，看到张同学那幅慢条斯理的样子，他们有点不高兴。而张同学在电话里谈得很起劲，好像忘了周围有人等着打电话，过了好长一段时间，张同学终于打完电话了。这时王同学开始给家里打电话，他说着说着就忘了后面的两位同学，他还没说完呢，宿舍的灯就熄灭了，后面的两位同学纷纷指责王同学，而王又指责张同学，张同学不服气，四个人开始吵了起来。

在这个事件中，很显然，张、王两位同学都是在自己的立场考虑问题，他们心里只考虑到自己的需要，而没有为别人考虑。以王同学为例，张同学在打电话时他很着急，他抱怨张同学不考虑别人，而当他开始打电话时，他又只顾自己，不为后面的同学考虑，如果稍微为别人着想的话，就不会出现这样的矛盾了。

§换位思考，让你的社交更加光彩§

很多人在处理问题和与人交往时，总爱立足于自我的立场，考虑更多的是利益和需要，却总是很少关心他人的需要，更别说是从别人的立场来看问题了。这样这就造成了人际沟通中的理解发生障碍和阻塞。我们平常总说别人不理解自己，自己也不理解别人，主要就是由于我们没有站在对方的角度来看问题造成的。要做到换位思考，在考虑问题之前，我们先问自己下面几个问题：

1. 如果我是他，我需要的是……

2. 如果我是他，我不希望……

3. 如果我是对方，我的做法是……

4. 我是在以对方期望的方式对他吗？

换位思考，有时候对我们都有很大的利益。当你跟别人有了摩擦时，如果不去换位思考，你可能就只会一味地去想你是多么的委屈，你会陷入一个胡同里走不出来，一直想着别人凭什么这样对你。但是如果你换位思考了，也许你会发现对方跟你有一样的疑问，然后你就会找到症结所在。

每个人的出生背景不同，想法意见、理解不同……也许某一天，你的朋友会让你生气，请先站在对方的角位思考一下，到底是为什么？有时候，往往会因为自己所处的环境而导致改变自己的内心想法，这就是影响人际关系的障碍。每一个人的思考都是有所不同的，在处理人际关系时都应换位思考，站在对方角度思考问题，只有这样才能提升人际交往能力。

学会换位思考是很重要的。一个人如果具备了这点，他便能使自己快乐，也同时使别人快乐。对于能换位思考的人来说，每天都是美的，每个人都是友好的，透过屏窗望到的是茫茫草原上白云朵朵，万绿丛中红花点点镶嵌之美景；而对于不懂得换位思考的人来说，每天都是最最痛苦的煎熬，每个人都会对别人冷眼旁观。伫立江边，看到的只是苍茫的海面上浮着片片白骨，以及那远处沙岛寸草不生之荒凉。

2.懂得感恩是莫大的幸福

滴水之恩，当涌泉相报。感恩，是中华民族的优良传统，也是一个正直人的品德。然而，当今众星捧月式的家庭生活为中学生创造了养尊处优的生活环境，再加上中学生重视个人价值，崇尚个性张扬的社会大环境熏染，如今的中学生更是注重自我的感受，事事以自我为中心。认为家长的付出与关爱理所当然，对周围人的帮助麻木不仁，熟视无睹。传统美德严重缺失，感激、尊重和珍惜似乎成了没必要的东西，只会索取不会付出，严重影响了中学生的健康成长与发展。事实上，中学生要感恩的人有很多，父母对其有养育之恩，老师对其有教育之恩，知道别人对自己的爱并知道感恩的中学生，才会成为一个真正对社会有用的人，在自己的人生道路上才会收获更多的幸福。

§中学生的感恩之心是如何丧失的§

中学生感恩之心的丧失由以下几方面的原因造成的：

1. 家长对孩子感恩教育的忽视。很多家长都很重视孩子的学习，只要孩子能考高分就心满意足了，从而忽视了对孩子的感恩教育。中学生在学校里，老师除了重视学生的智力以外，抓得较多的大多是他们的学习、纪律、卫生，对孩子感恩的品德则引导较少。所以才造成了现在许多中学生不懂得感恩，越来越冷漠、自私的性格。

2. 中学生的感恩教育的引导者单一。社会上有很多人都这样误解：教育是学校的事、是教师的责任和义务，孩子的教育问题只要交给学校和老师就好了。一些家长只关心自己的孩子每次考试的名次，将来能否考上重点大学，而对孩子的品德教育有所忽视，至于对孩子的感恩教育更是少之又少，正如有的家长所言："我们已经习惯了付出，只要孩子有出息就行，没想过将来得到回报与感恩。"这是对感恩教育的一种错误理解，也误导了孩子，认为只要学习好，父母就应该无条件地满足，别人的给予也都是应该的。这严重扭曲了孩子的正常心理品德。其实，感恩是一种生活态度，是一种品德，如果人与人之间缺乏感恩之心，必然会导致人际关系的冷漠。所以，每个人都应该学会感恩，这对于现在的青少年来说尤为重要。因此，感恩教育仅有学校的教育是远远不够的，它需要社会各方面的共同关注。

3. 家长不当的教育方法所致。很多时候，青少年的感恩心理在家长不正当的教育方法下而消失得无影无踪。在日常生活中，家长更多的只是履行了自己的"责"，而没有意识到自己在长幼关系中理应享有的"权"，亦即忽视了孩子对于长辈应尽的责任和义务。由此，中学生从小就没有尝试过付出的体验，久而久之，父母为他们做的一切在他们看来都是理所应当的，长此以往，又何谈对父母的体谅和感恩呢？在生活中也常常看到这样的画面：孩子小的时候，家长给他买了一支雪糕，孩子很懂事，踮起脚跟让家长吃一口，但家长不吃……其实，家长的这些做法实际上已经误导了孩子，青少年的感恩心理从小就这样慢慢地消逝了。

§感恩是人生中的一种美景§

一个存有感恩之心的青少年会发现生活中处处都是美景。比如同样的一束玫瑰，有人说："花下有刺，真讨厌！"而具有感恩之心的人则会说："刺上有花，真美丽！"看到刺的人，挑着毛病、盯着不足，这样的人是不会快乐的；而那看到花的人，则有着感恩的心灵，虽然花上有刺，但那些刺上盛开着芬芳的花朵，让他感受到幸福、美丽。所以说，懂得感恩的中学生是快乐、幸福的。

懂得感恩的人生活中处处是美景，时时刻刻都充满着幸福。朋友相聚，情深意浓，懂得感恩的人会感谢上苍给了自己这么多好朋友；走向自然，放眼花红草绿，莺飞燕舞，懂得感恩的人会感恩大自然的无尽美好，感恩上天的无私给予，感恩大地的宽容浩博。只有怀有一颗感恩之心，才会在生活中发现美好，用微笑去对待每一天，用微笑去对待世界，对待人生，对待朋友，对待困难。宽容和感动可以化腐朽为神奇，化冰峰为春暖，化干戈为玉帛。懂得感恩的青少年，一颗心会永远被温暖笼罩，被甜美滋润，他生活中没有冰雪，没有冲突，没有愤怒，没有战争，没有咒骂……

感恩，是人生的最大智慧；感恩，是人性的一大美德。常怀感恩之心，我们便能够无时无刻地感受到家庭的幸福和生活的快乐。在感恩的世界里，我们还会时时提醒自己：滴水之恩，当以涌泉相报！

王平是北京一所中学的高三学生，家境贫困，自幼丧母，父亲双目失明，从小与父亲和奶奶相依为命。学校知道了王平的家庭情况，就减免了他全部的学杂费。王平学习特别刻苦，他说学校现在给自己提供了这么好的学习条件，他一定要好好学习，用自己的实

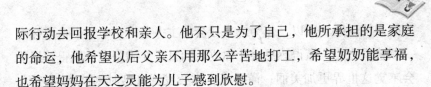

际行动去回报学校和亲人。他不只是为了自己，他所承担的是家庭的命运，他希望以后父亲不用那么辛苦地打工，希望奶奶能享福，也希望妈妈在天之灵能为儿子感到欣慰。

王平是不幸的，因为他出生在一个不幸的家庭中，使他的成长经历了太多的坎坷。但同时他又是幸运的，成长的坎坷和家庭的不幸磨炼了他与困难作斗争的勇气和意志，更为重要的是这些坎坷的经历使他具有了一颗感恩的心，而这种感恩之心又成为了他继续前进的不竭动力。感恩，是一个中学生心灵成长的营养剂，是一种责任意识、自立和自尊意识，更是一种精神境界的追求。感恩，不仅仅是一种美德的要求，更是构成生命的一个基本要素。从某种意义上说，对于家庭养育之情、社会培育之恩的回报，正是青少年社会责任感和爱国之心的体现。

中学生要明白，感恩是为人之本。是父母给了我们生命，才使我们有机会看到这个世界上明媚的阳光；是父母养育了我们，才让我们得以历经精彩的人生。父母给了我们无尽的爱：子女有了欢笑，就是父母最开心的事；子女有了痛苦，是父母最牵挂的事。父母之爱，深如大海。因此，不管父母的地位高低、知识水平以及个人素质程度如何，父母都是子女由生以来最大的恩人，是子女永远值得去爱的人。中学生除了要感恩自己的亲人外，在自己的感恩清单上，还不应该忘记自己的老师。每个接受过现代教育的人，我们的成长年轮里都有从启蒙老师到专业导师刻下的痕迹。尤其是少年时代以前的老师，不仅教给我们知识，还给予我们关怀、温暖和期望。那些在清贫中坚守着的仁者智者，他们的一代又一代学生走向大城市，走向大洋彼岸，走向知识的金字塔尖，成为社会的精英分子；而他们一如当初站在三尺讲坛，默默无闻，只是每当我们回望时会看到老师们的发际间又多了几缕白发。

感恩是一种生活的大智慧；感恩是一切良好非智力因素的精神底色；感恩是学会做人的支点，感恩会让社会充满和谐，让人与人

之间亲情融融！所以，作为未来社会的主人公——中学生也要怀有一颗感恩之心。懂得感恩会让你成长的日子充满阳光；懂得感恩你会感觉这世界更加美丽；懂得感恩你会发现自己时刻被幸福包围。青少年朋友们学会感恩你周围的一切吧，懂得了感恩，你才具备了成长和做人的根基！

3.崇尚节俭，为一生积累财富

"历览前贤国与家，成由勤俭败由奢"。勤俭节约是中华民族的传统美德，艰苦奋斗是我们民族的优良作风。因此，中学生要发扬勤俭节约的优良传统，培养文明健康的生活方式，提倡勤俭节约，反对铺张浪费。但是，现在的中学生中存在着互相攀比、爱慕虚荣的现象。有的同学过生日时不惜花费父母数月的血汗钱，出于面子广聚朋友，请客送礼，在家中开 PARTY，到歌厅唱歌甚至聚众抽烟、喝酒，这与中学生纯消费者的身份完全不相符合。

有人曾对中学生的浪费现象做过问卷调查，调查发现：有53.6%的初中生和61.7%的高中生认为，"人生的价值在于索取"，而不是奉献。中华民族勤劳节俭的美德观念，在许多中学生中已经越来越淡薄了。有教师反映中学生比吃、比穿、比享乐成了一种风气。有些学生过一次生日要花掉二三百元。××区有一个初三的学生为自己的小猫过生日花了 100 多元。青少年的这种奢侈浪费现象确实令人担忧。

"旧的不去新的不来"是现代很多中学生的消费观念，他们认为不能亏待自己，作为新一代的中学生没有必要太小气，东掐西算的太没出息，买东西就是要出手阔气。这是中学生素质品德倾向的一个误区，勤俭节约是中华民族的传统美德，中学生们要谨记这一点。

§节俭小案例§

案例一:

"台塑大王"王永庆虽然很富有,但是他的节俭是出了名的。他在台塑顶楼开辟了一个菜园,母亲去世前,他吃的都是自己种的菜。他办公室的地毯已经很旧了,于是他公司的一位职员就花了1000美元为他的办公室更换了新地毯,结果惹得王永庆很不高兴。台湾人喝咖啡时喜欢加入奶精,每次王永庆总要用小勺舀一些咖啡将装奶精的容器洗一洗,再倒回咖啡杯中,一点都不浪费。生活上,他极崇尚节俭:用的肥皂剩下一小片,还要粘在整块上继续使用;每天做健身毛巾操,一条毛巾用了27年。

案例二:

如今的中学生中出现了这样一类人群:他们零花钱不菲,可花起钱来却精打细算,绝非是舍不得吃穿只知道攒钱,而是该奢侈时奢侈,该节俭时节俭,生活反而过得更健康、快乐。这就是中学生在追赶新潮时尚时让人津津乐道的——新节俭主义。小娟就是这群中学生中的一员,她告诉同学们,她这一年攒了1000多块钱,再加上自己过年时的压岁钱有2000多元呢。相对于风头渐失的奢靡主义,新节俭主义的"抠门"显然略带另类色彩。小娟还说,一个人的价值不一定要通过奢华的生活来体现,而节俭也并不意味着低品质的生活。

小娟说她上初中的时候也很节俭,中午都是在学校附近就餐,可那会同学多是去"肯德基"、"麦当劳",一个汉堡、一杯饮料,少说花个十几元,多则二三十元,现在他们中午最常吃的是盒饭,有时也会走十几分钟的路程去附近的高校食堂讨个便宜,一顿午饭,三五元搞定。小娟的一个同学曾这样说过,虽然他们在生活上显得很"抠",但在学习或开阔眼界方面的花销却很大方。他们搞

140

同学聚会时可以拒绝形式雷同的"party"，来一场"郊游"或者"踏青"——不仅可以饱览纯天然的景色，还可以增加彼此间的感情，至于那很少的费用，也都是 AA 制，形式本身就没那么重要，开心和长见识才是最重要的。

小娟有一个名叫张兵的同学，家境很好，可他却一直在用妈妈淘汰的手机，虽然无论是外观还是功能，这款机早已经过时了，但张兵却用得不亦乐乎。张兵说，他买这些小电器从来都不盲目追求一步到位，常坚持与最新型号的技术商品保持一段距离，等新产品的技术成熟以后，质量提高了，价格反而降了，消费起来既实惠又放心。

像小娟他们这一族新节俭主义者绝不是守财奴，也不是没有能力消费，而是有能力消费但不盲目追随时尚的消费主义，他们气定神闲，把过度的奢华和过度的繁琐统统扔掉，去追求一种简单、健康、快乐的生活方式。这也是当代中学生需要向他们借鉴和学习的地方。

§如何培养自己节俭的好习惯§

中学生要做到节俭，减少不必要的花费，或许偶尔能做到从这里节省一点开支、从那里降低一点成本。但是这些种方法可能一时间会起作用，但长期来看，他们所需要的是一种更行之有效的方法。也就是说下一步就是如何省钱，从各项消费中寻找不必要的消费，慢慢的积少成多。可以从以下几个方面进行努力：

1. 首先要搞清楚自己钱的流向，列出消费的清单和金额。作为一个纯消费者的中学生你有必要准备一个小本本，把连续几个月的开支都一一记录在案。同时也要记录下自己买了什么，花了多少钱。小记事本和铅笔可能会把类似早餐咖啡一类的琐碎开支记录得更详尽。看看自己到底钱花到了哪里？哪些钱该花，哪些钱不该

花？只要坚持下去，就可以很有效地分析在哪方面节省开支了。

2. 限制一些易堆积物品的开支。如今市面上的商品琳琅满目、应有尽有、供应充足，因此一些预备、预留性质的开支应尽量减少。这样不但可以避免节省资金，还能避免因产品更新换代，或超过保存期、保质期而带来的损失。作为没有经济能力的中学生特别要注意这一点。

3. 一定要避免盲目性的开支。追赶时尚，什么事都要凑热闹，是导致中学生盲目性开支的主要因素。随意购物，为开支而开支，往往造成积压和浪费。讲求实用，有目的性消费，非当时所需不开支才是消费之道。因此，中学生应当谨记这一条。

总而言之，中学生要牢记勤俭节约思想，文明节俭过生日，人人要以勤俭节约为荣，反对攀比和铺张浪费。我们的成长离不开父母的教育和培养，浪费时请想一下自己的父母，不要再加重他们的负担。

4.孝敬父母，尊敬师长

孝敬父母，尊敬师长是中华民族的传统美德。在我国几千年的历史长河中，孝顺和尊敬如一朵亮丽的浪花，浇灌了中华民族的兴盛和昌隆。常听人说孝顺之人多发达，所以许多人的为人处世都是以孝为本，许多人交友的原则也是以一个人是否有孝心，是否懂得尊师敬老为基础。

人最宝贵的是生命，因为它只有一次，而一个人从出生到成人，离不开父母、亲人、老师、长辈们付出的心血、操劳和辛勤的培养与教诲。中学阶段是塑造做人品质的关键时期，中学生有必要从小事、从现在开始培养自己孝敬父母，尊敬师长的品德，为以后的人生打基础。

§尊师敬老是美德§

中国自古被誉为礼仪之邦，历代读书人更是注重道德和情操的培养。尊敬老师和长辈，不仅仅是外在的表现，还是一个人内在素质的体现。尊师敬老是我们中华民族的传统美德，是先辈传承下来的宝贵精神财富，也是中华民族强大的凝聚力和亲和力的具体体现。

古人云："师如父母"。人们常常把孩子比喻成幼苗、花朵、

使命
撑起靓丽青春的支点

小树，而培育这些幼苗、花朵和小树的老师毫无保留地奉献出自己的精力、热情、才能和知识，用智慧、爱心和汗水浇灌、培育、呵护着每一株幼苗，在知识上、精神上和品德上使他们枝繁叶茂，姹紫嫣红，茁壮成长。

每一位教师都辛勤地在教育事业上耕耘，不图名，不图利，不图回报，默默无闻地教书育人，兢兢业业地培育人才。老师的工作是崇高的，责任是重大的，影响是深远的，当我们在成长过程中有了缺点和错误时，老师的循循善诱把我们引向正确的道路，学生的每一点进步，无不渗透着老师的心血。试问哪一个走向成功，扬名世界的学生，不是踩在老师的肩膀上攀登达到人生的高峰。每个获得成功的科学家、文学家在谈成功的诀窍时，无不认为，教师的教育是自己成功的基础。教师应受到全社会、特别是学生的尊敬和爱戴，尊敬师长是每一个中学生必须具有的最起码的礼貌和品德。

秦始皇因焚书坑儒，为世人所骂，但他却是一个尊敬师长的人。他小的时候，先生让他背写自己的姓"嬴"字，可他却说太难了，先生就举起荆条棍打他说："一个嬴字就把你难住了，将来秦国要靠你去治理，更难的事还多着呢，能知难而不进吗？"他统一中国后，想着自己能有今天，其中就有先生的一份功劳，可惜先生已经去世了。他在一次出游时，忽然下马，撩衣跪拜起来，随从不解。他说："此处所生荆条，是朕幼年时老师所用的荆条，朕见荆条，如见恩师，怎能不拜"，后来人们把此岛称为秦皇岛。

老师，是知识的象征，是文明的传播者，老师教给我们做人的道理，教给我们文化知识。使我们从不知到知、由不懂事到懂，在这个过程中无不渗透着老师们的心血。试想一个不懂得尊敬老师的人，怎么能做到尊敬他人。尊敬老师不是靠说的，也不是只在教师节才表示的，需要中学生从生活中的小事做起。

尊重老师的劳动。学生的任务是好好学习，在老师讲课时，认真听讲就是尊敬的最好表现，但如果上课走神，作业马虎，课

144

堂上大声喧闹，或在老师讲课时昏然入睡，上课时手机响个不停等，都是对老师不尊重的表现。老师每讲一堂课，都需要准备很多东西，老师备课也是艰苦的脑力劳动，能认真地听好课，是对老师最大的安慰，也是一个学生具有良好道德品质的具体表现。

对老师要有礼貌。古人有云，"师恩如山"、"一日为师终生为父。"中学生在日常生活中要尊重老师，讲礼貌。见到老师要热情用敬语问好，不可路遇师长行同陌路；对老师工作中的差错要及时提出，不能借口取闹、背后嘲笑；要遵守学校有关尊师守则，认真配合老师的工作。

在日常生活中，从小事做起，尊师敬老，做一个合格的中学生。

§从小养成孝敬父母的好习惯§

孝敬父母是中华民族引以自豪的传统美德。人生于世，长于世，源于父母。父母给了我们生命，教给我们最基本的生活技能。父母的爱是天地间最伟大的爱，自从子女呱呱坠地来到这个世界的那一瞬间开始，父母就开始了他们爱的历程，直到永远。所以说孝敬父母，尊敬长辈，是做人的本分，是一种责任和义务。一个人如果懂得孝敬父母，那么在与人处世时，就会尊敬和关心一切年长的人，就会讲道德并能与人为善。孝是一个人善心、爱心和良心形成的基础情感，也是今后各种品德形成的基本前提。

孝敬父母是每个公民的义务，也是对每一个青少年学生最基本的道德要求。中学阶段是自身道德观念萌生与道德行为发展的重要时期。其自身的道德行为的情感性强，道德意志尚处于发展阶段，不够坚定，道德认知与道德行为具有不一致性，但随着年龄的增加，道德意志也会逐步走向坚强，所以中学生有必要从小养成孝敬父母的好习惯。

父母的爱，是一种不挂在嘴上的爱，而是体现在一天又一天平

常而琐屑的岁月长河中的爱，体现在一言一行一个眼神等细微之处的爱。中学生怎么做到孝敬父母呢？孝敬父母包括子女对父母的亲爱之情、顺从之意、敬爱之心和侍奉供养之行，也要体现在生活中的一言一行，体现在小事中。

1. 听从父母的意见和教导，学会从小礼让父母。中学阶段，学生们自己的独立意识越来越强，在叛逆的驱使下，总喜欢和父母对着干，不听父母的话。"天气太冷，多穿件衣服。""上课要认真听讲。""做完做业再看电视。"诸如此类的话语我们在生活中常常听到的，父母出于关心我们的话，在你表现出很烦或不屑时，可知你已深深伤害到他们的心。

父母有帮助和教导子女，尤其是还未成年的子女的责任和义务。中学生的心智还处在半幼稚半成熟状态，缺乏社会生活经验，而父母则有能力对其进行帮助和教导，以避免走弯路和犯错误。所以中学生平时有必要把有关自己生活和学习上不明白的事告诉父母，寻求帮助，尊重父母所提出来的意见。

2. 自己的事自己做，生活有规律。养成良好的生活习惯，身体健康了就可以使父母省好多心。自己的东西，衣物用品摆放整齐，床铺整齐，自己的卧室自己打扫干净。每天按时起床，吃饭、学习、娱乐、休息等合理的安排时间，不虚度年华，不给父母添乱。

3. 做力所能及的家务。放学回到家，做完作业，为什么不做些力所能及的事情，以减轻父母的负担。想想父母为了自己的成长操了多少心，幼儿时对你的哺育呵护；病痛时对你悉心照料；对你衣食的操劳，对你行程的惦念，对你成长的担忧……所以在父母下班回家时，在父母生病时，用自己的行动来证明自己长大了，也可以照顾父母了。中学生不仅可以从做家务中获得成长和快乐，更能体恤父母，还能增强自身的责任感和劳动能力，何乐而不为呢？

4. 好好学习。父母日日夜夜地为我们操心，无非就是为了让孩子能健康成长，学习知识，长大能成为一个有用的人。每当自己取得一点成绩时，父母就会无比开心和欣慰，所以好好学习，做好自己的本份工作是对父母最好的孝敬。

5. 进出门要和父母打招呼。与人打招呼是最基本的礼貌，所以在外出时，要向你的父母打招呼，告诉他们自己要外出，并说清去向、理由和所用的时间，以免他们担心；回来时，也要打打招呼说"我回来了!"

总之，中学生孝敬父母就是要做到：明礼仪，常问好，让父母舒心；少空谈，多帮忙，让父母省心；勤学习，苦钻研，让父母开心；求上进，走正道，让父母放心。

5.让责任意识永驻心中

责任感是一个人立足社会、获得事业成功必须具备的重要人格品质之一；责任感是一个人对自己的言论、行动、许诺等持认真积极的态度而产生的情绪体验和反映。

在社会生活中，人们在享受权利的同时，还必须承担相应的社会责任，履行相应的义务。强烈的责任意识是社会发展和进步的基本要求，是学生健康成长和发展的重要心理因素，是他们积极进取和奋发向上的原动力。一个没有强烈责任意识的民族是没有希望的民族，一个没有强烈意识的人是一个不成功的人，因为责任既是使社会规则有序的保障，又是保证个人有所成就的可靠基础，也是为人处世所必备的基本要素。

§拥有责任感的必要性§

有责任感的人，由于客观原因未能达到要求，但尽了主观努力时，感到遗憾、问心无愧，不论受到的是赞扬还是屈辱，他们都会持认真态度，以尽到责任为乐趣。责任感一旦产生，可以有效地提高学习积极性，自觉加强意志锻炼，促进个性的全面发展。

中学生是祖国未来的建设者和接班人，为迎接 21 世纪各方面的挑战，强烈的责任意识会让他们产生强大的精神动力，他们会将自己的成长、个人命运与社会发展、国家的需要有机地结合起来，把自己培养成为受社会欢迎的合格人才。但由于现在学生的自身意识发展水平，在家庭中的独特地位，使他们缺乏实干精神，只注视自己的需求，而不关心他人，其责任意识呈下滑状态。

一些学生因为是家里的独生子，养成以自我为中心，只考虑自己，只希望别人尊重自己，却不能以礼待人；还有的学生诸如做事不认真负责、虎头蛇尾、马虎草率、得过且过、生活中高傲自大、不懂礼貌等缺点，甚至还引发出厌学、厌世等不良心态。主要原因是因为他们没有明确的生活目标，而使他们意志消沉，精神空虚无聊，缺乏青年人应有的活力。他们总是抱怨父母，怨天尤人，对父母和他人要求过多，可却从不去要求自己去为家庭、父母、社会做点什么，这都是没有责任的表现。

而这些没有责任感的孩子在社会中往往容易处处碰壁，影响他们自身未来的发展。有责任感的人能够很容易地获得别人的认同和支持；有责任感的人会尽自己所能去完成自己应该承担的那部分责任，即使未能完成，他们也会勇于承担责任。这样的人不但会顾及他人需要，不推卸责任，而且还容易与人相处，获得大家的接受，深受大家的喜欢，值得别人信任、认同和支持，并能够委以重任。在社会生活中，如果一个孩子没有履行责任或推卸责任，那么他身边的伙伴们便会指责、排挤、鄙视他，甚至渐渐对他失去信任；如果这样他还没有改善，大家的约束力甚至会将他排挤出去，孤立起来，这样对孩子的身心发展都是不利的。孩子缺乏责任感，长大后的人际关系和事业发展会受到很大的阻力，最后可能会导致一事无成。

纵观古今中外，凡成就事业者，无不是有着高度责任感的人。范仲淹的"先天下之忧而忧，后天下之乐而乐"；林则徐的"苟利国家生死以，岂因祸福避趋之"等。责任意识是形成健全人格的基础，是能力发展的催化剂。一个人只有把责任感放在心上，才能真

正用心去做事情。作为一个成功的人，不管是对自己的家庭、学习和工作，还是对社会，都要勇于担当责任。

英国王子查尔斯曾经说过："这个世界上有许多你不得不去做的事，这就是责任。"每个人都肩负着责任，对生活、对家庭、对亲人、对朋友，而中学生只有具有报效祖国、报效人民、报效社会的责任感，才能真正成为有理想、有道德、有文化、有纪律的社会主义事业建设者和接班人。

§中学生的责任§

责任是一个人担当起某种职务和职责，做好自己分内的事，为没有做好自己分内事而须承担的职责。那么中学生现在需承担什么责任？履行什么义务？

1. 自我责任意识

对自己负责，是中学生首先要做到的，即对自己所做的事情负责，对自己的生活负责，对自己的学习负责，对自己的生活负责，对自己的生命负责。如果你还是饭来张口，衣来伸手；犯了错误也要找出很多的理由推到家长、老师的身上；在家里自己的东西不知道收拾；对于老师交给的任务不能认真地完成；生活反叛、放纵、暴力、犯罪等。这些问题都是对自己不负责的表现。一个人只有先对自己负责，才有觉悟和能力对别人负责，乃至对社会、民族、祖国等负责。

2. 家庭责任意识

中学阶段的中学生已经有了一定的思想和处世能力，可以说是一个小大人了，对家庭而言，自己是父母的孩子，是家庭的一员。对家庭的责任要做到孝敬父母、关心体贴父母；对家人要尊敬，如尊重长辈，在重要事情上征求他们的意见；自己的事情自己做，主动承担力所能及的家务活，不让父母操心，父母伤病时

150

要尽力照顾等。

3. 朋友责任意识

人，作为"万物之灵"，既是社会人，又是自然人，随着现代生活节奏的加快，任何一个人都不可能不与他人合作而独立完成工作。中学生从家庭中走到学校中，就得与朋友相处，而这种对朋友的责任是指要尊重、关心、理解、信任朋友、帮助朋友，并且履行自己的承诺，如果承诺没有实现，就应能主动为自己的行为后果承担责任。

4. 集体责任意识

作为一名学生，要尊敬师长，团结同学，并要热爱集体，积极参加集体活动，珍惜集体荣誉，在班集体中与他人合作，对自己要承担的义务尽心尽力，认真负责地完成，以自己为集体的努力与贡献而感到骄傲与自豪。关心集体，热爱集体，不做有损集体荣誉的事情。

5. 社会责任意识

古人云："天下兴亡，匹夫有责"，中学生作为一名中国小公民，对自己的祖国，也负有义不容辞的责任，要遵守社会公德，遵守公共秩序，注意公共安全，爱护公共财物，保护环境，遵纪守法，关心热爱自己的国家，不做有损国家尊严的事。

为了自己的发展，也为了能成为一个对社会有用的人，中学生要从现在开始，从小事做起，培养自己的责任心，因为大的责任心是在小的责任心的基础上逐步积累起来。

6.扬起"诚信"的风帆

诚信是中华民族的优良传统，诚信之风朴实憨厚、历史悠久。它早已融入了我们民族文化的血液，成为民族文化基因中不可缺少的一个环节，是做人的根本和社会、国家赖以生存的基础，更是一个人成就事业的根基。讲诚信对于中学生来说，更为重要，中学阶段是塑造人格品质的关键时期，在日常生活中，做到实事求是，对人真诚无欺，在学习上更不能虚度浪费时间，总之，就是要从生活中的每件点滴的小事起，做到说实话，做实事，学真本事，为将来的人生道路打下坚实的基础。

§诚信是做人之本§

"狼来了"的故事告诫人们：一个不诚实爱骗人的孩子，最后会失去援救而被狼所吃。孔子曰："人而无信，不知其可也。"一个人一旦失去诚信，在交际上会失去朋友，在商业场上会失去顾客，而最终会一无所获。诚信是民族的美德；人际交往的准则；也是人生的通行证。

李嘉诚传奇的人生，被中学生所熟知。李嘉诚从一名穷困的打工仔到华人超级富豪，靠的就是一个"诚"字，他常说："你必须以诚待人，别人才会开诚布公，别人才会以诚相报。"他的成功秘

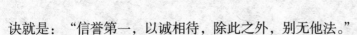

诀就是："信誉第一，以诚相待，除此之外，别无他法。"

李嘉诚在创业初期资金极为有限，一次，一位外商希望大量订货，但他提出需要富裕的厂商作保。李嘉诚白手起家，没有背景，他跑了好几天，仍一无所获，只好如实相告，自己一没人担保，二没有资金，但自己有技术。外商感觉到李嘉诚为人诚实可靠，以诚相待，令人信赖，答应无需担保就签了合同，还预付了货款。于是，李嘉诚既解决了公司扩充生产能力的燃眉之急，也赚到了一笔数目可观的钱。他说："一个有信用的人比起一个没有信用、懒散、乱花钱、不求上进的人，自必有更多机会。当你建立了良好的信誉后，成功、利润便会随后而至。"

每个人的一生要做两件事：一是做人，二是做事，无论是做人还是做事，都离不开诚实守信这一基本原则。诚信是道德规范的重要内容，是做人之本、做事之根。诚信还是朋友间相互信任的基石。一个人说话实在，说到做到，就会使人产生信任感，愿意同他交往、合作。相反，轻诺寡信，一而再地自食其言，必然要引起他人的猜疑和不满。与人相处，只有做到真诚、真心、真情，才能收获友谊。朋友间长久的友谊不是靠工作或利益来维系的，靠的是与人的诚信。所谓我对人诚，人对我信，诚信是对彼此的尊重和信赖。

中学阶段是为自己以后的发展打基础的时机，只有做到诚恳老实，有信无欺，才能形成完备的自我。只有具备了高尚的人格，才能适应竞争激烈的社会，发挥出自己的潜能，实现自我人生的价值。中学生能否树立诚实做人的良好品质，关系到自己的人格，为人处事的原则，影响到自己的一生。

诚信做人，最终获是成功的是自己。

§做个诚信的人§

何为诚信。"诚"是忠诚老实、诚心诚意、言行一致、不撒谎、实事求是;"信"是遵守信用,严格履行和遵守诺言。诚信是一个人所应具备的基本素养。然而,随着市场经济的冲击、涤荡,在这个充满金钱物质诱惑的世界面前,人们原本坦诚纯净的目光开始变异,或迷惘、或贪婪、或狡诈虚伪。原本真诚待人,实在做事,敬业勤奋的人被称为缺心眼的痴子、傻帽、窝囊废,在受到不公平的遭遇后,也变得说假话、编瞎话及哄骗、蒙骗、诱骗、诈骗、拐骗等欺骗行为,商场假货泛滥,官场形式主义、浮夸风屡禁不止,民间坑蒙拐骗也随处可见。我们发现,诚信在消褪,拜金在滋长,利益取代了美德,诚信让位于欺诈。而这也在无形中侵蚀着洁净的校园,影响着中学生做人的准则。

中学生是祖国的未来,肩负历史的使命,中学阶段也是学知识,长身体的关键时期,可如果养成打架、闹事、逃学、照抄作业,为了自己的利益不择手段,最后还编一大堆理由来蒙老师骗家长,还如何能安下心来为日后发展打基础?

曾有人说,"如果你失去了金钱,你只失去了一小半,如果你失去了健康,那么你就失去了一半,如果你失去了诚信,那么你就会一贫如洗。"诚信是一个人的名片,是人打开成功大门的一把金钥匙。从小父母、老师就教育我们要做个诚实守信的人,我们也看过、听过很多伟人诚信的故事,所谓"言必信,行必果"、"一言既出,驷马难追。"意思都是做人要诚信。对于中学生来说,要做事诚信,就要从生活的点滴开始做起,在日常生活中要诚实待人,以真诚的言行关心他人、团结互爱、助人为乐、诚实劳动、求真务实、遵纪守法等;在思想方面对党、对祖国、对人民、对自己所追求事业的忠诚与信念;在学习上严格要求自己、言行一致、不说谎话、作业和考试求真实，不抄袭、不作弊等。

诚实的人会赢得友谊、信任、钦佩和尊重。中学生只有养成讲真话，不欺骗，诚恳对人，说到做到的品德，才能在飞速发展的社会上站稳脚跟，成就一番事业。

7.为自己奏响青春自强曲

敢于冒险，敢于探索，善于竞争，富于创造是 21 世纪对人才规格的基本要求。但一个人的成功不在于他有多大的天赋，也不在于身处多好的环境，而在于他是否有坚定的意志，坚强的决心，在于他是否能脚踏实地，百折不挠，自强不息的一步一个脚印地向着崇高的理想迈进。

自强，亦即自强不息，是中华民族崇高的民族道德精神，语出《易经》："天行健，君子以自强不息。"即要求人要积极进取，永不停息。自古以来，凡是有志气、有本领的人，必定是自强不息的人。老一辈常教导我们："少壮不努力，老大徒伤悲"、"老骥伏枥，志在千里"，我们的祖先更是以自强不息的精神历经磨难、艰苦奋斗，创造了伟大的东方文明，屹立于世界民族之林。他们矢志不渝、刻苦勤奋、拼搏向上、自立自强的精神品质都是现代学生必须拥有的。

§自强是战胜困难的法宝§

纵观古今中外，那些有成就的革命家、科学家、艺术家、文学家无不有着坚定的必胜信念，有着艰苦奋斗、顽强拼搏的精神，有

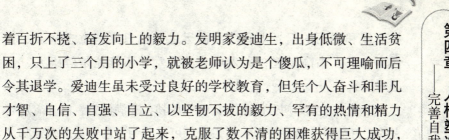

着百折不挠、奋发向上的毅力。发明家爱迪生，出身低微、生活贫困，只上了三个月的小学，就被老师认为是个傻瓜，不可理喻而后令其退学。爱迪生虽未受过良好的学校教育，但凭个人奋斗和非凡才智、自信、自强、自立、以坚韧不拔的毅力、罕有的热情和精力从千万次的失败中站了起来，克服了数不清的困难获得巨大成功，平均每 12 天就有一项新发明，成为美国著名的发明家、企业家，被誉为"发明大王"；张海迪，一个高位截瘫、连学校门槛都没进过的人，靠着顽强的毅力，战胜了无数的困难和挫折，自学成才，取得了许多正常人都难以取得的成绩；史铁生在 20 岁时不幸身染瘫痪，痛苦思索，探寻出路，经过长时间的努力，从一个初中毕业生最终成为著名的作家；体操健将小桑兰，不幸受伤以致瘫痪，但他勇敢地面对不幸，微笑着接受人生的痛苦，自强不息，成为著名的主持人。

古人云："天将降大任于斯人也，必先苦其心志，劳其筋骨，饿其体肤，空乏其身，行拂乱其所为，所以动心忍性，增益其所不能。"每一个人无论做任何一件事都是不容易的，都要付出很多的心血和勇气。常听人们说成功太难，太难！难在哪里？是不好的环境，还是事情不易办成？其根本的原因不是这些，而是缺乏一种去战胜困难的心理，一种自强的勇气。

安逸无忧、一帆风顺的生活谁都向往，但不幸和困难却是人生不会避免的，但也正是这种种困难，使我们在无知中学到许多老师、父母无法教给我们的东西。人只有在挫折面前永不低头，自强不息永在心胸，才能获得真正的成功。

所有自强的人都对人生理想有着执著的追求，他们坚信"天生我材必有用""前途是自己创造出来的"。他们藐视困难，面对人生激流中的暗礁与险滩，奋勇搏击，不懈努力，面对挫折和失败，坚强地站起来，用自己的毅力、勇气和智慧去克服。在他们的眼中，即使外面的世界是漆黑一团，看到的依然是群

星璀璨和明丽的阳光雨露。而命运之神也只愿把意志坚强、自强不息的人高高举起，送入成功的天堂，不管他是健康人，还是残疾人！

中学生，犹如初升的太阳，朝气蓬勃，充满活力，满怀着对未来的美好憧憬。培根曾说："人人都可以成为自己命运的建筑师。"生长在 21 世纪的中学生如果不去经历大自然风雨的考验，就会像温室里的花朵一样容易凋零。中学生从小就要树立正确的努力方向，一步一步去实现自己的理想，在面对前进的荆棘时，不要畏缩，因为通往云端的路只会亲吻攀登者的足迹；当面对挫折时，不要灰心，因为试飞的雏鹰也许会摔下一百次，但肯定会在第一百零一次试飞时冲入蓝天。

自强不息是少年敲开成功之门的金钥匙，是通向成功的阶梯！

§如何做个自强的人§

自强是所有人走向成功不可缺的品质，更是青少年须拥有的。但事实上，我们常常会听到，有的父母抱怨自己的孩子依赖性太强，自己能做的事情不去做，不会做，全依赖父母；有的父母抱怨孩子没志气，缺乏上进心，做事没毅力；有的父母抱怨孩子经不起一点困难和挫折，总是知难而退，还有的孩子总是贪玩，学习时无精打采，还厌学、逃学……其实这都是缺乏自强的表现。自强的精神之所以可贵，是因为自强者都是依靠自己的拼搏奋斗，而不是他人的荫庇提携去获得成功；自强是坚持不懈的发奋努力、永无止境的执著追求，而非一朝一夕的战胜困难、解决问题；自强还是能与时俱进、开拓创新，能不断革故鼎新、应时以变，以至步入更高、更强的境界。中学生怎样来培养自身自强的品质，让自己也拥有这能促进成功的法宝呢？

自主自立。就是要求中学生，无论在生活上还是在学习上，凡事要靠自己的力量不靠别人的观念，自己对自己负责，自己承担起对自己的责任。清代著名画家郑板桥告诫儿子："流自己的汗，吃自己的饭，自己的事自己干，靠天靠人靠祖宗，不算是好汉。"每个人的命运都是掌握在自己手中的，一个人的成长中有依靠自己的力量，把争取个人正当的利益和幸福、放在自己的努力基础之上，才能提高自身的能力，让自己得以发展。特别是在身处逆境的情况下，更要靠自己，因为别人的帮助只有在自己努力的基础上才有所作为。

自信。就是要求中学生对自己要有充分的认识，相信自己能通过自己的力量在生活和学习上取得成功。面对困难时，有勇气、有毅力，敢拼敢闯、敢想敢干、勇为人先，坚信"我能行"的信念。但自信不是自高自大、孤芳自赏，过高地估计自己。中学生要根据自己的能力去办自己的事，不要有什么过高的奢望，应从一点一滴做起，去迎接人生的挑战。我们常说，"坚持下去，就是胜利"，"自信"能产生一种强大的力量，它能够在困难和失败的环境下给你以勇气、给你以希望。

自勉自胜。自勉就是勉励自己，自己鼓舞自己，自己激励自己；自胜就是能克制自己、战胜自己的弱点，激励自己不断前进。在遇到困难时，要懂得自勉，让自己作为自己的动力源，自己开动自己，自我发动。要懂得自胜，困难并不可怕，怕的是战胜不了自己内心的恐惧。人最大的敌人是自己，如果能保持清醒的理智，做出正确的选择，保持坚定的意志和坚强的决心去战胜自己，那还有什么困难解决不了呢？

中学生被比作"祖国的花朵"，冬去春来，花谢花开，再美的花朵总有一天会凋零，可有的花能结出果实，造福人类，而有的花徒有虚荣，无果而终。所以中学生们，在这个花季里，从现在开始，做个自强的人吧。让我们用以实际行动迎接来自生活所给予的一切，无论在任何困难面前都不要屈服，始终以顽强的斗志生活

着、奋斗着，以满腔热情笑对自己的学习和生活。

带着自强，在属于自己的舞台上，尽情地、不断地展示自己，在通往成功的人生路上印下一个个坚定而稳健的脚印，舞出时代最炫目的舞姿来！

8.让忍耐来营造五彩的无声世界

美国著名学家朗费罗曾说："坚忍是成功的一大因素。"一个人无论做什么事情，要想成功，就必须学会忍耐，忍受身体上、精神上和心灵上的多重折磨，要忍你所不能忍，忍你所不愿忍！有这种坚强性格的人，等待他的必然是成功。反之，无论你拥有多么非凡的才智，也只能竹篮打水一场空。对于热血沸腾的中学生来说，成功是每一个人的希望，但渴望成功的他们却缺少成功的一个重要因素——忍耐。在生活中遇到一点挫折，他们便轻易的放弃，也许再坚持一会就能成功，可是他们就是不能忍耐到最后一刻；同学之间不经意间的一句话或是一个动作，他们就以为是针对自己的，没有耐心听同学解释，便要和他们理论一番。太多、太多的问题都可以忍耐下来，可很多的中学生朋友们就是那么爱冲动，结果导致一事无成。中学生要想在以后的生活中成就一番事业，就必须学会忍耐，学会用忍耐营造自己的无声世界。

§学会忍耐，拥抱成功§

在这个竞争激烈的社会中，中学生要想在竞争中立于不败之地，遇到事情就一定要冷静，学会忍耐。对生活中的每个人来说，忍耐是成功过程中必须具备的一种能力。事实证明，在相同的条件

下，人与人之间，不是比谁的智力高而是看谁的忍耐力强，当一个人的奋斗目标确定以后，除了顺势而为，审时度势之外就是忍耐。无论是大人物成就伟业，还是小人物做一番事业，都需要忍耐。因为做人凡坚忍者，必成大事。

"忍"字心上一把刀，光从字面上就足以看出忍耐的滋味不会好受，试想，在刀的威胁下这颗心必定是备受煎熬。虽然忍耐是痛苦的，但却能给人们带来诸多好处。历史上最有名的能"忍"之例就要数越王勾践，他卧薪尝胆二十年，为的就是将来东山再起，重建自己的国家。还有韩信，他忍受的胯下之辱，最终为刘邦打下半壁江山，为大汉朝立下了汗马功劳。这两位忍受大辱，其结果如何？越王勾践忍受种种苦难和耻辱，在二十年后打败了敌人，成就了大业；韩信留下有用之身，终于成为大将，如果他当时斗气，恐怕要被恶少打死了。越王勾践也好，韩信也罢，都是"忍一时之气，争千秋之利"，这一点非常值得当今年轻气盛的中学生好好学习。学会忍耐，做到忍耐，是成就伟大事业的需要，是养成高尚品德的需要，更是做人做事的需要。凡欲成就事业者不能不学会忍耐。

在一个佛堂里，坐满了前来听禅的信徒，大师的说禅十分枯燥乏味，没有一点乐趣可言，再加上外面春意盎然，鸟语花香，很多人都感浑身无力，昏昏欲睡。说禅刚开始一会，便有人打起了瞌睡，说禅进行到一半，几乎全场的人都打起了瞌睡，只有一个人还在正襟危坐，专心地听大师那些深奥难懂的讲解。旁边有人看到他听得那么认真，忍不住劝道说："大家都在打瞌睡，你又何必聚精会神地听那些无趣的佛理呢？这怎么能比得上睡觉舒服呢？"他笑了笑说："你说得对，其实之前我也动过要睡觉的念头，但就在快闭上眼睛的那一刻，我突然想知道自己在这种情况下的忍耐力到底有多大，听到一半的时候，我觉得自己还做得不够好，于是就提醒自己：争取下次忍耐得更好一些。我告诉自己，如果生活中遇到了

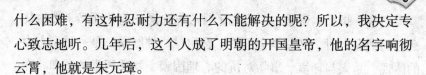

什么困难，有这种忍耐力还有什么不能解决的呢？所以，我决定专心致志地听。几年后，这个人成了明朝的开国皇帝，他的名字响彻云霄，他就是朱元璋。

忍耐是一种执著的精神，是一种坚强的意志，更是一种成熟人性的自我完善。学会忍耐，就是学会不做蠢事，就是学会不做那种一时痛快，但终生遗憾的事。"置之死地而后生"，这句话就是朱元璋在耐心地听禅时听到的，也正因为这句话，启发他把一切都抛诸脑后，发动了起义，推翻了腐朽的统治，建立了自己的王朝。如果他没有足够的忍耐力，可能今天中国的历史就要改写了。所以，学会忍耐，你就能拥抱成功。

§忍耐，绝非懦弱§

有些中学生会认为忍耐是软弱可欺的表现，他骂了我一句或是打了我一拳，我忍怒不发，岂不是显得我太懦弱了吗？其实不然，实质上，别人骂了一句，而你没有以牙还牙，这正好说明你的修养所在。忍耐，表面上看似是懦弱的行为，但实质却不是。本是很糟糕的一件事情，因为你的不计较方能有转弯的余地，以后的路才能坚持共同走下去；本是一句不利于你的话，因为你的忍耐，才不会发生无谓的争吵。所以，忍耐是一种修养，忍耐是一种理智，是一种涵养；忍耐是一种美德，是一种成熟；忍耐并不是逆来顺受，甘心屈服于命运之神的诱惑与调遣。生活的沧桑使生命的深渊埋下难言的隐痛，忍耐却可以使人相信，隐痛必将消失，暴风雨过后的天空会更加美丽。忍耐也不是消极颓废，在沉默中悄悄降下信念的风帆。颠沛的人生使人感到迷离恍惚，忍耐却把难熬的寂寞、忧愤、艰辛强压在心底，不让它偷偷钻出来，漫开去，甚至倾斜心灵的天平。忍耐是一种追求的策略，一个追求更大成功的人，不得不忍受小的失败和牺牲，忍耐就是在等待中寻求成功。

  痛苦、折磨、困难……当你不甘心做命运的奴仆而又未能扼住命运的咽喉之时，必须学会忍耐。忍耐是一种磨砺，是一种意志力的体现，是人与环境、事物对抗的心理因素、物质因素的总和。在忍耐中奋发，在忍耐中拼搏，学会忍耐，学会在忍耐中锲而不舍地朝着一个方向走。要明白，忍字头上一把刀，忍耐会有痛苦；忍字下面一颗心，忍耐会受煎熬；忍耐就好似手刃自己的心，需要时间等待伤口慢慢愈合；忍得头上乌云散，拨开云雾见阳光。要始终坚信今天的短暂忍耐是为了明天更大的成功！

9.自尊自爱，伴你我成长

中学阶段的学生是长知识、长身体、长思维的黄金时期，在这短短的最关键几年里，青少年不仅在身体上有了质的变化，其心理也日渐趋于自觉、独立和成熟。可当前，人们生活在一个信息量大、物质财富不断增长的时代，一不小心就很容易陷入精神空虚和物质享受的不良漩涡，而青少年对自己的人生刚从被动向主动迈步，更容易在青春期特有的情感强烈、敏感，易于冲动的影响下，受到他人不良的影响，做出影响一生的事，所以青少年为了自己能健康成才，有必要培养自尊自爱的品质。

鲁迅曾说过："君子自重。"自尊、自爱所产生的内动力是无法估量的。青少年只有做到自尊自爱，热爱自己，热爱生活，才能为自己的人生交一份圆满的答卷。

§自尊自爱，成才的根本§

青少年要想使自己成为一个有用的高才、人才、全才，就必须要有自尊。自尊是人生杠杆上不可缺少的支点，可以使人坚守自己的主见和独立的人格，是人前进的动力，是支撑自己走下去的力量，它可以让自己变被动为主动，化腐朽为神奇，朝着自己的奋斗目标前进，成就自己的人生。

第四章 人格塑造

——完善自我的使命

165

　　自尊自爱，作为一种力求完善的动力，是一切伟大事业的渊源。古今中外，凡是有成就的人，无一不是以良好的自尊为先导的。一群落难而逃的人经过一个村庄，村民可怜他们，纷纷拿出食物给他们吃，所有的人都争先恐后，饥不择食地吃喝，可只有一个青年人站在一旁不动，有人拿食物给他，他婉言谢绝了，并坚持要先干活才接受施食，他就是后来成为美国石油大王的哈默。司马迁受宫刑而怒作《史记》，孙膑刖双足而血凝兵书；张海迪高位截瘫自强不息成为时代巨人。著名画家徐悲鸿在国外留学时，一个看不起中国人的外国人说："中国人愚昧无知，生就是亡国奴的材料，即使送到天堂深造，也成不了才！"徐悲鸿不卑不亢地说："那我代表我的国家，你代表你的国家，我们比一比，看到底谁是人才，谁是蠢才。"从此徐悲鸿起早贪黑，努力学习，他的画不仅受到艺术家的好评，还轰动了巴黎美术界。正是他懂得自尊自爱，才使他在困难的条件下取得傲人的成绩。他曾说："傲气不可有，傲骨不可无。"足以说明，一个人不能狂妄自大，目中无人，也不能丧失气节地一味讨好别人，作贱自己。"可以说自尊是人的脊梁，它使人挺直腰杆做人，更是人生的一笔无价宝，有了它就拥有巨大的财富。

　　自尊，就是要求自己尊重自己，不向别人卑躬屈节，也不容许别人歧视、侮辱，当自己受到不公正的待遇或委屈时，要勇敢地站起来，为自己说不，但更要尊重别人。人只有懂得尊重他人，才会受到应有的尊重。

　　自爱，就是要求爱惜自己的身体、名誉，它是对自己的生命实体之爱和精神人格之爱，自爱与爱人是相互依存、共生共长的。一个人只有懂得爱自己，才能更好地懂得爱别人，才能使自己的生活更精彩。

　　一个懂得自尊自爱的人，不管在什么环境下，都会兢兢业业，努力学习，严肃认真地履行自己的职责，把自己的事做好。更会在自尊自爱的基础上，自信、自强、自觉并主动地去做好任何一件

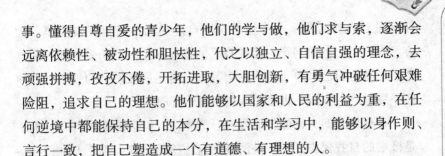

事。懂得自尊自爱的青少年，他们的学与做，他们求与索，逐渐会远离依赖性、被动性和胆怯性，代之以独立、自信自强的理念，去顽强拼搏，孜孜不倦，开拓进取，大胆创新，有勇气冲破任何艰难险阻，追求自己的理想。他们能够以国家和人民的利益为重，在任何逆境中都能保持自己的本分，在生活和学习中，能够以身作则、言行一致，把自己塑造成一个有道德、有理想的人。

人生众平等，本没有贵贱高低之分，有的只是文化的差异，地域的差别，世上没有什么东西比自己的人格更高贵、更重要，人要做到自尊自爱，才能自立自强，在变化不定的人生路上站稳自己的双脚，坚定自己的目标，昂首挺胸做人，凭自己的本事摘取人生的硕果。

§自尊自爱，健康成长§

一个人自尊自爱的品质不是天生就有的，而是靠后天培养逐步形成的。中学阶段是人格塑造的关键时期，为了自己能健康成长，养成自尊自爱的良好品德，塑立高尚的人格尤为重要。

要做到自尊自爱，就必须先认识自己，了解自己，理解自己，学会容纳自己。如果你自己都不能接受自己，总是把自己设想成一只丑小鸭，躲在窝里自惭形秽，不能走出自己所织的茧，怎么去证明自己不是只天鹅？不要总是自卑，不要总是仰慕别人，世上没有完全相同的两片树叶，更没有完全相同的两个人，每一个人在这个世界上都是独一无二的。没有天生的伟人，也没有人天生就会成功，关键在于自己是否有追求的勇气，是否有实现的恒心。一个人要做到自尊自爱，其前提就是不自卑自弃，无愧于自己，才能赢得自我，赢得多彩的人生！

注意仪表也是自尊自爱的具体表现。爱美之心，人人皆有，进入中学以后，许多学生特别重视自己的容貌和衣着，要知道，世界上最名贵、最美丽的衣服不是珍珠汗衫，也不是羽衣霓裳，而是惭

愧知耻、自尊自爱。一个懂得自尊自爱的人，只要仪表优美、大方，在言行上约束自己，维护自己的良好形象，主动爱护他人的尊严，把尊重自己和尊重他人结合起来，身上所散发出的气质，即使你不穿最好的衣服，也会使人对你肃然起敬。

自尊自爱的人，懂得珍爱自己的生命，但自爱不是自恋，也不是极端的自我保护，更不是消极的自甘堕落。青少年，人生只有一次，生命如此可贵，不可为了一时的冲动，而放弃如花的生命，毁了自己的一生。

自尊自爱的人，敢于面对生活的苦难。古语说，"将相本无种，男儿当自强"。先天的环境谁都无法改变，成功路上的困难谁也避免不了，重要的是你是否有克服困难，战胜环境艰险的勇气。苦难对于伟人来说是一块垫脚石，对于能干的人来说是一笔财富，对于弱者来说则是万丈深渊。飞速发展的现代社会是一个充满挑战的社会，只有从小培养磨炼出坚韧的毅力和超强的接受能力，才能在以后的人生路上从容面对更大的困难。

中学生朋友要养成自尊自爱的品质，因为自尊自爱是健全人格必备的良好心理品质，它是一个人日趋成熟的标志，它能在潜意识时要求自己，完善自己，自觉履行自己的责任和义务，使自己珍惜自己的生命，更能驱使人奋发进取、自强不息。它能让你堂堂正正地做人，无悔一生。

第五章　心灵乐园
——风雨历程的使命

　　青春期的心理如一条在风浪中搏击的小船，如果小船在激流中把握不好方向，随时都会出现颠覆的危险！

　　青春期是人生的一个重要的过渡期，心灵、情感、梦想由此开始萌发。对于踏入青春期的中学生来说，生活中的烦恼和迷茫就像是一夜之间从天而降，这时的你也许正被极度的自卑、沉重的压力、青涩的情感等不良情绪所困扰，不知道出口在哪里。青春期的心理健康决定着你以后的人格发展方向，因此对于处在青春期的中学生来说，调整好自己的心理是很重要的。

1.莫让抑郁网住心

抑郁是影响中学生心理健康发展的一个重要因素，它如一张无形的网罩住充满激情的心灵。有抑郁心理的中学生，其生活会消极、暗淡，对任何事都提不起兴趣，会严重影响到以后的成长。

王响是某重点中学一位高二学生。王响升入高中以后，成绩一直都很优秀，但他总觉得自己在学习上还差得很远，为了能实现自己的大学梦，他拼命地学习并力求"完美"。然而每当他碰到不会做的题目时，就会产生一种挫败感。久而久之就产生了厌学、避世心理，他开始逃学进网吧。最后他告诉母亲："我一点也不喜欢上网，每次沉浸于网络时心里就会有犯罪感，即使这样我也不敢停下来，因为一回到现实生中，我就会感到无尽的压抑和绝望。"王响由于心理极度抑郁而导致休学。

对于朝气蓬勃的中学生来说，抑郁心理的破坏性是极其严重的。处于抑郁情绪状态下的中学生，经常生活在焦虑的心境中，内心孤独却不愿向同学和老师倾诉；在学习上，经常精力不集中，情绪低落，反应迟钝。因此，中学生一定要科学地认识抑郁，并掌握一些有效的方法去防治，怀着一颗战无不胜的心去面对风雨青春。

§中学生为什么会有抑郁心理§

初中生刘浩，从升入初三就开始情绪不稳，烦躁易怒，经常和父母争吵，故意和父母作对，自我控制能力明显比以前差。近段时间以来还出现情绪低落、失眠、不愿出门、不愿说话、食欲差、消瘦、上课时注意力难以集中以及记忆力下降的情况。同时还伴有愉快感缺失，兴趣减退，对以前特别感兴趣的活动也提不起兴趣，语言、思维及运动迟缓，担心自己将来考不上大学，找不到工作，对不起父母，认为自己不如别人，觉得自己是家里的负担。经过专家分析，刘浩的这种情况属于明显的心理抑郁。也许一些中学生可能会说："中学生怎么可能得抑郁症呢？"事实上，抑郁心理已经以一种势不可挡之势向中学生们扑来了。那么，中学生产生抑郁的原因究竟在哪里呢？

一、家庭原因

家长的极端教育与中学生抑郁性格的产生有着较大的关系。在家庭中，父母是子女的表率。他们的一言一行都深深影响着孩子。然而有许多父母为了孩子的前途，不顾孩子的身心健康，在教育孩子时往往走极端。一种情况是：父母对孩子长期娇惯，过于溺爱，在生活上他们是孩子的"保姆"，让孩子始终过着衣来伸手，饭来张口的生活。由于这种"小皇帝"式的家庭生活的影响，等到入学以后，其适应能力、人际交往等能力相对较差。另一情况：在学习上父母是孩子的"监督官"，不时"关心"孩子的成绩。这种专制的家庭教育方式，常使他们的孩子在生活上成为无能者，在学习上则总是害怕失败，使他们不敢表现自己，从而使心理和性格都受到压抑，逐渐变得忧愁、抑郁。

二、自身原因

首要原因就是缺乏正确的自我认识。青春期的中学生，自我意

识发展还很不完善，他们对自我的认识和评价往往是片面的。中学生们在脑海中往往存在着许多不切合实际的幻想，一旦幻想和现实发生矛盾，便会产生挫折感。由于中学生心理承受能力不强，所以就容易变得忧虑和苦闷。以学习为例，很多学生盲目自信，但稍遇挫折就又盲目自卑。这种矛盾的心理状态，使得中学生感到无法控制自己而产生焦虑与恐惧，从而产生自我封闭的抑郁心理。另一方面是中学生达不到既定目标所产生的失败感，这是他们陷入抑郁的重要原因。理想是中学生学习的动力之一，但中学生在学习中往往对自己期望过高，不能正确处理理想与现实的关系，加之处在青春期的中学生，心理上还不成熟，正确的人生观还没形成，因此他们在学习中很容易因失败而感到苦闷和彷徨，产生自我无能感，陷入自轻、自贱的抑郁情绪中。最后一点是自尊心的丧失。一些自尊心丧失的中学生，在大部分时间内忧愁伤感，害怕参加活动，害怕遭到别人拒绝，他们感到没有人爱他们。

三、人际交往原因

目前，许多中学生身受学校和家庭的双重压力，他们的时间几乎全用到了繁重的学业上，无暇顾及同学之间的情感沟通和交流。学习竞争的巨大压力，使他们忽略了朋友之间的情感沟通。这种紧张的学习状态，往往使他们感到生活单调乏味，产生孤独和寂寞的情绪，进一步导致抑郁情绪。

四、教育原因

"应试教育"带来的影响是最不容忽视的一点。尽管我国的教育正由"应试教育"向"素质教育"转变，但一些学校为了追求升学率，常常取消各种课外活动，迫使学生"苦读升学书"。小考天天有，大考三六九，排名榜公布于众，学生人为地被分数分为"三、六、九等"，使中学生的"学习活动"实际上变成了"应试活动"，极大地限制了中学生广泛的兴趣和爱好，使他们长期处于紧张、焦虑的情绪状态之中。

第五章　心灵乐园
——风雨历程的使命

173

§中学生如何预防抑郁心理§

抑郁心理是使中学生感到无力应付外界压力而产生的一种消极情绪。他们有较强的自尊心和成功的愿望，但因他们对挫折的忍耐力差，经不起失败的打击，常常因考试失败而感到痛苦和恐惧。有严重抑郁心理的中学生，还会出现躯体化症状，如食欲不振、失眠、胸闷、头昏等。下面是对中学生如何预防抑郁心理提出的几点建议。

1. 与家长、老师和同学建立良好的关系，树立自信心。要善于和家长进行心灵沟通，了解家长的真实想法，切实消除与家长之间的隔阂，减少不理解和误解的成分；在学习中向老师请教科学的学习方法，培养自己的各种兴趣爱好，激励自己奋发向上的精神；与同学应努力做到互帮互助，但莫过于亲密；在课外应多参加一些健康的文化娱乐活动，诸如小品表演，角色模拟游戏，互访互问，以及其他形式的活动。

2. 中学生要加强自我意识的培养。所谓自我意识，就是中学生对自我的认识和看法。它包括三个因素，即自我认识、自我评价和自我控制。首先，中学生应该学会客观的认识自我，并增强对自我的爱护和对生命的珍惜；其次，中学生还应学会客观地评价自我，摆脱自我无能心理的压力；最后是学会有效地控制自我，学会向朋友倾诉自己的烦恼，这是中学生平衡心理矛盾的一个有效方法。

3. 树立正确的考试观，减轻自己的学习压力。在考试中，正确看待排名次的做法，正确对待考试，明确考试的目的。同时，考得差的时候，自己要及时的反思，并不断的自我鼓励，激发自信心，及时消除自己的考试恐惧心理和考试失败后的自卑心理。

4. 要有健康心态。（1）远离绝对化的思想。生活中有很多中学生总是把一切事物都看得泾渭分明，比如，一个一直很优秀的学生偶尔有一次失误，就认为自己是失败者。存在这种思想，只会让你没头没尾地怀疑自己，严重影响上进心。因此，中学生一定不要有这种绝对化的思想。（2）良好的"自我暗示"。这种方法是拥有健康心理和快乐生活的关键。因此，中学生对外貌不妨坦然地自我悦纳，即以积极、赞赏的态度来接受自己的外在形象，并设法消除各种附加于外貌上的"不良信息"，做到不听、不信、不制造，不自己给自己找麻烦。只有在心理上承认和接受了自己的"自然条件"，才能进一步地美化自己、喜欢自己，让自己享受生机勃勃的青春。

总之，美好、多彩的明天不应该被抑郁所控制，中学生应培养健康向上的心理，去学习，去生活，去成长。

2.逃出焦虑的泥潭

中学生正处于身心迅速发展时期，随着第二性征的出现，中学生对自己在体态、生理和心理等方面的变化，会产生一种神秘感，甚至不知所措。诸如女孩由于乳房发育而不敢挺胸、月经初潮而紧张不安；男孩出现性冲动、遗精、手淫后的追悔自责等，这些都将对青少年的心理、情绪及行为带来很大影响。而且中学生往往会由于好奇和不理解而导致恐惧、紧张、羞涩、孤独、自卑和烦恼，还可能伴有头晕头痛、失眠多梦、眩晕乏力、口干厌食、心慌气促、神经过敏、情绪不稳、体重下降和焦虑不安等症状。由于自身生理心理失衡引起的情绪困扰和不安，以及各种环境刺激因素导致的精神压力和负担都有可能引发各种异常心态和行为，特别是焦虑心态和焦虑行为。

青春期焦虑症会严重危害青少年的身心健康，长期处于焦虑状态，还会诱发神经衰弱症，因此，必须及时予以合理治疗。

§焦虑的具体表现及形成原因§

焦虑是由于过分紧张引起的一种心理状态，在不同条件的刺激下，青少年学生会产生各种不同的焦虑。具体表现：第一，学习焦虑。即由学习活动引起的焦虑。有关调查表明，"学习和考试焦虑"是中学生的心理健康方面存在的主要问题。第二，生理焦虑。即因自身生理发展不适应而引起的焦虑。如对"月经"、"遗精"、"手淫"及其他第二性征出现而产生恐惧、悔恨、羞耻感、罪恶感等。第三，心理发展焦虑。即由于自我意识迅速发展，"成人感"增强，却未获得他人应有的承认或尊重，对社会地位欲求不满而产生的焦虑。第四，生活焦虑。即由于不能适应生活环境和条件的变化而引起的焦虑。如有的赴外求学不适应当地居住环境、饮食条件、生活习惯等；有的缺乏独立生活和适应社会的能力等。第五，人际关系焦虑。即因无法适应各种人际关系而引起的焦虑。

以上不同的五种焦虑表现，如果它的存在是短暂的、轻度的，则不会对中学生的身心健康产生较大影响；如果是持续的、较大强度的，则会损害中学生健康的人格形成与发展，造成不良后果。

当青少年学生处于焦虑状态时，如果其遇到失败或挫折的打击，则会导致学生自身价值感的丧失或自尊心的严重受损，从而造成个体"神经过敏性焦虑"，该症状主要表现为：患者会持续性或发作性地感到恐惧不安，提心吊胆，紧张焦虑，特别是当原发刺激情境出现时。在他人眼里，患者所感到的恐惧紧张是完全没有必要的，至少是过分的，但患者却无法控制自己，走不出焦虑的泥潭。

那么，是什么原因促成了青少年的精神焦虑呢？

1. 家庭的压力

每位家长都希望自己的孩子能够成为有用的人，"望子成龙，望女成凤"是合乎情理的，家长期望孩子能有很好的学习成绩，能考入名牌大学，因此形成了过高的期望值。他们宁肯自己省吃俭用，也要尽力满足孩子的物质欲求，与此同时，不少父母并未把自己与子女的关系放在平等的位置来看待，习惯于选择一种居高临下的姿态来命令子女，俨然将之当作自己的私有财产。凭着

一厢所愿的"为了孩子好"的心理，很少顾忌孩子的内心感受。尤其对于孩子学习成绩的要求，易于表现出几近苛刻的态度。孩子的课余时间不仅被家长安排得满满当当，而且一旦孩子考试成绩稍不理想，即遭致家长"疾风暴雨"或"凄风冷雨"式的回应。这种过分的功利性教育必然会造成孩子的情绪高度紧张、焦虑。

2. 过重的学习负担

中学生学习负担过重也是导致焦虑产生的重要原因之一，突出表现在，学习要求过高、作业量太大、考试太频繁。这就形成一部分学生因为无法完成学习任务而形成学习负担。学校为了转变这些"学习差生"，提高他们的学习成绩，就不断地加大学习量，作业越来越多，使学习成绩不理想的学生整天陷在作业堆里。频繁的练习和考试不仅使学生产生厌烦心理，而且逐步产生了恐惧心理，每天放学时学生怕老师布置作业，早上到校怕老师检查作业，学生见到作业和考试会感到恐惧不安，心理极度紧张。

3. 不良人际关系

不良的社会关系常使人感到飘零、失落、不被重视、失去爱，恐惧受人排斥、恐惧屈辱等，这些不良情绪会导致焦虑的产生。

当青少年产生焦虑心理时，往往会对生活产生消极的态度。因此，应对焦虑是当今青少年应重视的问题。

§焦虑心理的自我调适§

焦虑并不可怕，只要对自己有正确的认识，学会自我调节的方法，就会避免、减轻和消除焦虑的情况。现介绍几种自我调试方法。

1. 树立自信心

自信是治疗焦虑的一个重要手段。当青少年产生焦虑心理时，应暗示自己树立自信，正确认识自己，相信自己有处理突发事件和完成各种工作的能力。通过暗示，青少年每多一点自信，焦虑程度就会降低一些，同时反过来会使自己变得更自信，这个良性循环将帮助青少年逃出焦虑的泥潭。

2. 找人倾谈

每个人总会有一些难于解决的问题和烦恼，若不能适当地处理这些问题和烦恼，焦虑就会出现并累积。基于自尊，很多青少年会羞于向别人提及自己的问题和烦恼。其实找人倾谈有很多好处。由于每人各有专长，你认为难于处理的事，在他人眼中可能十分轻易。再说，你将心中的烦恼向别人倾谈后，不愉快的情绪亦会随之宣泄，压力和焦虑也会因此而得到舒缓。

3. 放松意念

经常进行放松训练，可以消除紧张的心态，有助于克服焦虑。意念放松的做法是：静下心来，排除杂念，闭上眼睛，调整呼吸。可以通过默默地数数、想象蓝蓝的天空等帮助集中注意力，使自己心静神宁，达到消除紧张、放松心态的效果。

请记住，相信自己，战胜自己，焦虑不再有！

3.别让恐惧阻碍了你的前进脚步

在充满阳光的中学生活里，你是否害怕面对一大堆的资料？你是否因受过挫折而不敢再做其他事？你是否在考试前紧张不已？你是否害怕有陌生人的场合？你是否会恐惧体育课……如果你经常面临这些现象，那就表示你有着恐惧心理。这里所说的恐惧心理，其实是指不论在现实还是想象的危险中，深深感受到一种强烈而压抑的情感状态。

中学生在青春期需要面临的烦恼与困难会突然增多，如果得不到及时解决就会累积起来而导致心理崩溃，其恐惧心理便会随之出现。一旦有了这种心理，精神就会高度的紧张，内心充满害怕，注意力无法集中，脑子里一片空白，不能正确判断或控制自己的举止，变得容易冲动。这是一种很不健康的心理，中学生如果想避免或是逃出恐惧的陷阱，就有必要看一下恐惧的真面目，以便能顺利战胜这个心魔。

§中学生恐惧心理的表现§

产生恐惧心理的原因有很多，首先恐惧是大脑中的一种连锁反应。它由产生压力的刺激开始，到身体释放出多种化学物质结束。刺激物可以是一只从屋顶滑下的蜘蛛、一个坐满了要听你讲话的人

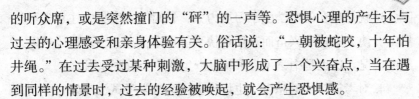

的听众席，或是突然撞门的"砰"的一声等。恐惧心理的产生还与过去的心理感受和亲身体验有关。俗话说："一朝被蛇咬，十年怕井绳。"在过去受过某种刺激，大脑中形成了一个兴奋点，当在遇到同样的情景时，过去的经验被唤起，就会产生恐惧感。

恐惧心理还与人的性格有关。一般从小就害羞，胆量小的人，长大以后就会不善于交际，孤独、内向，容易产生恐惧感。对于中学生而言，需要面对学习上的各种压力，心理承受能力也达到了巅峰，由于担心升学难、成绩总提不上去、下次考试怎么才能考好等问题，致使他们产生了一种普遍的恐惧心理。一般来说，中学生有了恐惧心理后，会有以下表现：

1. 对于陌生人产生的恐惧。对于中学生而言，与陌生人见面往往会产生一些不自在的烦恼。甚至有很多中学生讨厌面对或是害怕面对陌生人。其实他们并不只是觉得害羞、不好意思，而是对自己以外的世界有着强烈的不安和恐惧感。中学生由于人生阅历与经验相对较浅，平时在家里也总是受到不要与陌生人来往的叮嘱，因此导致了他们害怕与陌生人接触，这将严重局限他们的个人发展。

2. 对新事物产生的恐惧。其实，中学生对新事物产生的胆怯与个性是没有多大关系的，而是由于接触的经验不够，进而排斥这种事物的情形居多。而一般情况下，对于他们自己从未见过或是从来不懂的新事物或是知识，有自信心、有勇气的学生会激发起学习探索的兴趣和热情。而对于那些缺乏自信、自卑感比较重的同学会产生恐惧感。总担心自己掌握不了，害怕太难。于是，在心里就会产生一种排斥感，最后在见到这些东西后恐惧感就会一跃而出。

3. 对失眠产生的恐惧。读高三的小红，这两年来，经常失眠，但没放在心上，只是服了些安眠药。从上个月以来，在一次物理考试发挥失常后，失眠加重，整夜不能入睡，每到夜幕降临，就开始担心今晚又睡不着了，一上床就努力保持平静的呼吸，努力不思不想。所以，她对夜晚产生了一种恐惧，害怕躺在床上，更害怕失

眠。这就是现在的中学生学习压力大，长时间高度集中注意学习与思考，使大脑过于兴奋而难于很快平静下来休息，结果造成难以入眠的情况。这也是中学生失眠状况产生的一个重要原因。

4. 对考试产生的恐惧。也许你会因为数学考试没考好，受到老师的批评，被同学们瞧不起而感到痛苦，恨自己为什么没考好。因此，以后对考试有一种恐惧感，一考试就紧张，就考不好。也许你过分重视考试结果，担心考不好会影响升学，考不好同学会耻笑，考不好会挨父母训斥等，这样时间一长，会在你心中形成恐惧考试的心理。这些对考试的恐惧心理会给人造成情绪低落、精神紧张、反应迟钝，考试失败的几率反而会大大增加。

§如何越过恐惧的障碍§

恐惧心理会阻碍你前进的脚步，会加重你的压力，它会让你的生活变得可怕……所以，越过恐惧障碍是你学习之外的又一大重任。一般说来，若能进行自我训练，累积与他人相处的经验，即使无法改变自己的个性，也不至于让心理遭受恐惧的袭击。也就是说，其实恐惧心理是很容易克服的，以下建议不妨用来参考：

1. 要战胜恐惧，就要提高自己的认知能力。一位心理学家说得好："愚昧是产生恐惧的源泉，知识是医治恐惧的良药。"所以，通过提高对事物的认知能力，扩大认知视野，判定恐惧源，是消除恐惧的行之有效的方法。只要通过学习，了解其知识和规律，揭去其神秘的面纱，就会很快消除对某些事物或情景的无端恐惧。

2. 培养自己乐观的人生情趣。可以从锻炼自己坚强的意志开始，通过学习英雄人物的事迹，用英雄人物勇敢顽强的精神激励自己的勇气。在平时的训练和生活中有意识地在艰苦的环境下磨练自己，培养勇敢顽强的作风。这样坚持下去，即使真的有一天遇到了危险的情况，也不至于一时变得惊慌失措。相反，你还会出奇地沉着冷静，并机智地去应付。

3. 平时积极参加有益的活动，加强心理训练，提高各项心理素质。经常主动地接触自己所惧怕的对象，在实践中去了解它、认识它、适应它、习惯它，就能逐渐消除对它的恐惧。例如，有的中学生惧怕登高、惧怕游泳、惧怕猫、惧怕毛毛虫等，要勇于接触，才能够有效地战胜紧张和不安等不良情绪，提高心理适应和平衡性，增强信心和勇气，以无畏的精神克服恐惧心理。

4. 学会转移注意力。就是把注意力从恐惧对象上转移到其他方面，以减轻或消除内心的恐惧。如果你觉得有点不安、紧张和害怕，就停下来莫再想象，做深呼吸使自己再度松弛下来。完全松弛后，重新想象刚才失败的情景。若不安和紧张再次发生，就再停止后放松，如此反复，直至心理的情景不会再使你不安和紧张为止。如果不正常的恐惧心理没有得到及时克服，就可能进一步发展为恐惧症。

5. 多与人接触。一般情况下，很多中学生在与陌生人见面时都感到不自在，受拘束，原因之一便是觉得无话可说——找不出话题的约会的确令人乏味。其实，此种想法并不正确。与陌生人会面的恐惧心态，与第一次尝试没吃过的食物有点相似，大多基于自我保护的心态，所以绝不愿多接触素不相识的人。为加强自我训练的信心，不妨先做心理建设，常常提醒自己多接触陌生人，藉以改变自己的人生观以及增加人生乐趣。

4.走出悲观的阴霾

悲观是中学生心理成长的一块绊脚石，是通向成功的一大障碍。心理学上指出：悲观是人自觉言行不满而产生的一种不安情绪，它是一种心理上的自我指责、自我的不安全感和对未来害怕的几种心理活动的混合物。它由精神引起，但还会影响到组织器官，引起相关的一些心理及生理疾病，如焦虑、神经衰弱、气喘不接等。于是人们教育悲观的人要乐观，要积极，否则将会葬送自己的一生。中学生正处于学习知识、走向成熟、人格发展的黄金阶段，如果被悲观的心理所控制，其未来是不堪设想的。

§遮住阳光的悲观心理§

生活中有很多中学生都存在着悲观的心理。一般表现为发生一件事后做自我检查，总结不足，找出不足的原因，从而在以后的行动中作积极地调整。就这一点来说，人人都会有悲观，它是一个人进步的催化剂。但极端的悲观却是心理不健康的表现，会严重影响到中学生的生活。

德国心理学家朗恩斯曾说过："过多的积极想法容易给人误导，让人在仍需奋斗的时候，却认为已经胜券在握。"而事实上，悲观的中学生，眼光总是专注在不可能做到的事情上，到最后他们只看到了什么是没有可能的。但乐观者所想的都是可能做到的事情，由于把注意力集中在可能做到的事情上，所以往往能够心想事成。

其实在现实生活中，经常认为自己"反正就只能这样了"的中学生往往能取得优异的成绩。因为在这种"破罐子破摔"的精神之后，隐藏着另一种想法就是："那再试一次也没什么大不了的。"然而，积极的心态也好，消极的心态也罢，最后成功的关键还是在于如何找到信念和激励自己的方法，然后才能坚持不懈，努力奋斗，取得成功。因此，有悲观心理的中学生，不要再悲观，要知道悲观的性格与心理是黑暗的，会一步步遮住你的阳光生活。记住：在这个世界上，人所处的绝境，在很多情况下，都不是生存的绝境，而是一种精神的绝境；只要你不在精神上垮下来，外界的一切都不能把你击倒。

§如何走出悲观的阴霾§

悲观心理是一种严重的不健康心理，对中学生身心的危害极大。必须进行适当调适，走出情绪低谷，培养乐观的人生态度。那么如何进行调适呢？

1. 努力让自己拥有积极、乐观的心态。越担惊受怕就越遭灾祸。因此，一定要懂得积极态度所带来的力量，要坚信希望和乐观能引导你走向胜利。即使处境危难也要寻找积极因素，这样，你就不会放弃争取微小胜利转机的努力。你越乐观，你克服困难的勇气就越会倍增。并且培养乐观、开朗、豁达、洒脱的性格对自己也是终身有益的。乐观是希望之花，能赐给人以力量。大凡乐观的人常常自我感觉良好，面对失败有点可贵的"阿Q精神"。乐观的人还会时常笑容满面。如果已经忘记了自己的笑容，那请照一照镜子，学着再去温习一下微笑的感觉吧。要知道，悲观不是天生的。像人类的其他态度一样，悲观不但可以减轻，而且通过努力还能转变成一种新的态度，这就是乐观。

2. 转移注意力。悲观的人当遇到情绪扭转不过来的时候，不妨暂时回避一下。及时打破静态体验，比如欣赏欢快轻松的曲子，让音乐的旋律在内心激发起新的积极情感体验，从而转换原来悲观消极的感受。同样，选择性地看场电影（指内容要有所选择），散散步，和同学打球，和朋友交流谈心等，都能够把人的情绪带到另外一种状态。这个时候，不要总是将目光盯着消极面，自怨自艾或怨天尤人。

3. 以幽默的态度来接受现实中的失败。只要能以幽默的态度来接受现实中的失败，既不要被逆境困扰，也不要幻想出现奇迹，脚踏实地，坚持不懈，就会发现自己到处都有一些小的成功，这样，自信心自然也就增长了。另外，有幽默感的人，才有能力轻松地克服厄运，排除随之而来的倒霉念头。

4. 试着和乐观的同学交往。有悲观心理的中学生在闲暇时间多和乐观的人交往、做朋友，观察他们的行为。通过观察培养起你的乐观态度，乐观的火种会慢慢地在你内心点燃。同时，在这个过程中，逐渐学习他们的思考模式，看待事物的态度等，从而不断地改变自己的认知和心态。而且，和乐观的人在一起，也容易感受到更多的积极乐观情绪，对于从悲观的情绪中走出来，也是大有裨益的！另外，还要热心去同别人交往，不要制造人际隔阂。当别人在背后说自己的坏话，或者轻视、怠慢自己时，就要净化自己的诚意，不回避对方，拿出豁达的气度，主动表示友好。这样做是最有利于个人心理健康的方式。

5. 为自己制定一个有意义且可行的目标。为了使自己的生活更幸福，中学生就应该努力学习，创造财富。你会为了达到这个目标，而去做更多的事。有的事情不会做，就要认真学习。学习是为了使自己的人生更精彩，学习是为了使自己的人生更有意义。也就是说，中学生在为了能实现这个目标的情况下，就会充满信心，而没有精力去想一些消极的事情。另外一点就是，中学生的耐性较差，所以最初的计划要比较易于实现，需要的时间、精力比较少。如果这个过程所需要的时间和精力太多，在你对什么都不感兴趣的情况下，你半途而废的可能性比较大，悲观心理还会滋生。

6. 投身大自然。星期天或是假期，就让自己投身于大自然的怀抱中。多到外面走走、旅游等。当漫步在林荫大道或是站在山顶呐喊的时候，就会发现心绪突然变了，心中充满了宁静，自然的色彩给人带来阵阵的快意。因为，外界的景物往往会给个体带来宁静和轻松的心情。所以，有悲观心理的中学生平时应该试着离开屋子走向自然，避免消极地生活下去。

每个中学生完全有理由让自己的青春变得更为快乐，因为产生悲观心理的原因往往不在于别人而是在于你自己，因为快乐是你自己的一种感觉，并不是由别人来控制和决定的。因此，中学生不但要让自己青春远离悲观，更要让自己的一生远离悲观。

5.小心掉进易怒的陷阱

每个人都不可能避免发怒，因为当遇到别人伤及自己的自尊和人格的时候，每个人都有权利发怒，这是很正常的。但易发怒的人就另当别论了，特别是没有烦恼的中学生，如果拥有易怒的情绪，不但会害己还会伤及他人。

所谓易怒就是火气大，爱发脾气，遇到一点小事就怒火中烧，它是一种敌意和愤怒的心态，是当人们的主观愿望与客观现实相悖时所产生的消极的情绪反应。有的同学在学校对同学的态度很温和，显得温文尔雅，文质彬彬；可是在家里，面对自己的父母，稍有不遂意，就大发脾气。也有一些不但在家里这样，在学校对老师和同学也动不动就顶撞和冲突，让周围的人敬而远之。所以说，中学生如果不能很好地控制这种消极的情绪，很容易会给生活带来困扰。

§易怒的产生及危害§

生活中有许多中学生喜欢同别人发生冲突或是在发脾气时砸东西；相反，也有一些同学在类似的情况下则表现得比较克制。其实，易怒并不是与生俱来的，它的产生也是有许多原因的。

1. 自然反应。中学生在学习压力空前繁重的情况下，总会遇到

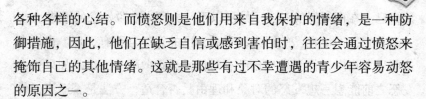

各种各样的心结。而愤怒则是他们用来自我保护的情绪，是一种防御措施，因此，他们在缺乏自信或感到害怕时，往往会通过愤怒来掩饰自己的其他情绪。这就是那些有过不幸遭遇的青少年容易动怒的原因之一。

2. 心理因素及生理因素。心胸不够宽广，期望值太高，心态失衡，思维极端，容易冲动等。

另外，环境的影响如气候与噪音也会使他们产生易怒情绪。中学生表现易怒形式非常明显，如一发火就骂人、砸东西、情绪反应不理智、不会开玩笑、遇到任何小挫折都只会发泄、什么事都干得出来、听不进别人的劝告……这些反应对己对人都是有极大伤害的，具体有以下几点：

1. 有易怒现象的中学生，在交际中永远得不到别人的尊重和欢迎。生活中不乏这样的学生，胸怀大志，才华满腹，既有条件，又有超人的能力。但是，他们却始终郁郁不得志，甚至是别人眼中的失败者和负面教材。而这些都是由易怒所致，有了这种情绪，同学们当然是离他越远越好。所以，即使是再好的千里马也会被易怒所牵制。

2. 发怒是莽夫所为，是无能的表现，是一个人低修养的表露，发怒时，血液循环加快，情绪激动，不由自主地就会同父母高声争吵，有时甚至还动手伤人或自伤，这都是不理智的行为。正如宋代大文豪苏轼的名言："匹夫见辱拔剑而起，挺身而斗，此不足为勇也；夫天下大勇者，猝然临之而不惊，无故加之而不怒"。

§中学生该如何摆脱易怒§

当中学生面临无由而来的怒气时，与其埋怨别人，不如自我反省。其实，很多时候，生气是由自身原因而造成的。所以，在生气时，要学会从自身找原因，常常进行自我反省。人总是在自省中认

清自己。在面对怒气时，不妨从以下几方面来摆脱发怒的情绪。

首先，回忆自己的行为，看看自己的怒气是否有道理。也许在这些思考当中，你会发现自己有时候是无理取闹。所以，如果你在发怒之前能想一想发怒的对象和理由是否合适，方法是否适当，你发怒的次数就会减少 90%。

其次，情境转移。怒火上来的时候，对那些看不惯的人和事往往越看越气，越看越火，这时可以迅速离开使你发怒的场合，最好再能和谈得来的朋友一起听听音乐、逛逛商店、打打球、散散步、看看电影，或到没人的地方大喊大叫几声，或打个心理咨询热线电话，或写篇长长的日记抒发感受。这样你就会渐渐地平静下来，不良的情绪就被宣泄掉了。

第三，要经常对自己进行自我反省，加强道德修养。生活中你可以观察到，易上火的人对鸡毛蒜皮的小事都很在意，别人不经意的一句话，他会耿耿于怀。过后，他又会把事情尽往坏处想，结果就是把事情越想越坏，越来越气，终至怒气冲天。要想熄灭心中之火，最重要的一条就是要加强思想道德修养。培养自己养成对人要宽容大度的胸怀，将心比心，不斤斤计较的习惯。当遇不平之事时，也应该心平气和，冷静地、不抱成见地让对方明白他的言行之所错，而不应该迅速地做出不恰当的回击，从而剥夺了对方承认错误的机会。所以，在生活中，要经常对自己的道德品质进行反省，不断地对自己进行完善与提高，如此方能自如地克制激动情绪，也就不会遇事即刻弹跳起来，大发雷霆了。

第四，做情绪的主人。从一个中学生的心理健康上可以看出他的人格是否成熟，他如果能很好地控制自己的情绪，又能很恰当地表达自己的情绪；他理解自己的情绪和别人的情绪是怎么产生的；他能够积极地、建设性地处理情绪方面的问题，而不被消极的情绪所左右。那么，他就是自己情绪的主人。当心中无名火发起时，就要及时给自己警告：注意，克制，再克制。往往有一两分钟，你就能够稳住情绪，就不会因一时的冲动而产生不理智的行为。

第五，当你的心中被怒气与愤懑填充，内心充满不快和敌意时，如果你能先检查一下自己，谦虚点，火气自然就会烟消云散，矛盾也就不至于越弄越僵了。如果不顾一切的与对方大吵或怒骂一通，那么发泄过后，惟一的结果就是伤害。其实，这种发泄并非有益，最好的解决办法就是忍一忍，压一压火，控制自己的情绪，不要轻易被怒气所控制。

第六，控制自己的意识。经常为小事而生气是愚蠢的表现，如果一个中学生比较容易上火，那么难免就会有些事情做不好，甚至可能得罪人，所以，无论你做什么事情都不能意气用事，更不能生气，应该知道生气是解决不了问题的，生气只能害人害己。遇事要懂得静下心来想一想，要用意识控制自己，提醒自己应当保持理性，还可进行自我暗示："别发火，发火会伤身体"，把不利变为有利，把坏事变为好事。

第七，想生气的时候学会微笑。微笑有不可估量的魅力，不可预测的力量！微笑是豁达在脸上绽放的花朵，是宽容在眼里迸发的深情，既能安慰对方因失误而愧疚的心，还能够让对方对你心存感激，而且还能得到对方的信任和尊重。同时，你也不会因为发怒而伤害身体，能够保持自己心态的平和宁静，难道不好吗？

第八，饮食调节。多选食苦味、酸味的苦瓜及山楂等，同时可取菊花 10 克，决明子 10 克，甘草 3 克，煎汤代茶饮。肉类摄取量要减少，多吃粗粮、蔬菜和水果。因为肉类使脑中色氨酸减少，大量肉食，会使人越来越烦躁。而保持清淡饮食，心情比较温和。此外，气温过高也会引起人烦躁不安的情绪，多喝水可以起到让血液稀释的作用，让心情平和下来。

6.别在忌妒中迷失了自己

生活中，中学生们常常面对"忌妒"的困扰。忌妒是什么呢？忌妒是人的本能，具有很强的破坏性。忌妒是一种难以公开的阴暗心理，也是一种以自己地位相似、水平相近、年龄相仿的同辈人为指向的带有敌意的心理倾斜现象。培根说："人类最卑劣、最堕落的情欲是忌妒"。所以，中学生在通往心理成熟的道路上一定不要有忌妒，每个人的世界都是不一样的，都有自己生活方式。只要过得快乐，没必要去嫉妒别人，嫉妒只会增加自己的痛苦，不会带来快乐。

§认识忌妒心理§

小红与丽丽是某重点高中的高一学生，同在一个宿舍生活。入学没多长时间，两个人就成了形影不离的好朋友。小红活泼开朗；丽丽性格内向，沉默寡言。丽丽逐渐觉得自己像一只丑小鸭，而小红却像一位美丽的公主，心里很不是滋味。她认为小红处处都比自己强，把风头占尽，时常以冷眼对小红。高三时，小红参加了学校组织的主持人大赛，并得了一等奖，丽丽得知这一消息后妒火中烧，趁小红不在宿舍之机将她的证书撕成碎片，扔在她的床上。她们两个人形影不离到反目为仇的变化令人十分惋惜，归根结底，都是忌妒惹的祸。

忌妒是对才能、成绩以及条件和机遇等方面比自己好的人，产生的一种怨恨和愤怒相交织的复合情绪。它是一种消极的情感，是一种十分有害的不良心理，忌妒别人除了对自己有危害以外，它还会常常做出中伤别人、怨恨别人、诋毁别人等一系列消极的行为。忌妒往往是和心胸狭隘、缺乏修养联系在一起的。一些心胸狭窄的中学生会因一些微不足道的小事而产生忌妒心理，还把本该用在学习上的时间和精力消耗在勾心斗角上，别人任何比他强的方面都成了他忌妒的缘起。心胸狭隘，自我中心严重；争强好胜，样样不服输，看见别人好就生气；对他人充满敌意，耿耿于怀，怀恨在心；严重者甚至不择手段地打击、诬陷其所忌妒的对象，这些都是有忌妒心理的危害。

引起中学生忌妒心理的原因很多，在家庭方面，与家长望子成龙心切而又对子女施加的心理压力过大有关；在交往上，处于生理与心理急速发展时期的中学生特别喜欢攀比，看见别的同学穿了名牌衣服、名牌鞋，就想别人有的我也得有。这种盲目"攀比"，就会导致心理失衡，容易产生"忌妒"问题。一些中学生甚至看到别人的身材、相貌比自己好的时候，也会产生忌妒心理。在学校教育方面，与教师表扬和批评不当有关，与集体主义教育以及学校目的性教育不够有关；在他们自身方面，与其心胸狭窄、缺乏理智、人格不健全、心理不成熟有关。

§中学生如何克服忌妒心理§

忌妒是一种普遍的社会心理现象，人人都有，没有竞争心的人是不求上进的。但过度的攀比会产生忌妒甚至嫉恨，这种负性的心理会给中学生带来不可估量的危害。因此，中学生们要理性地控制自己的情绪。在忌妒还没有转化成嫉恨前转回到忌妒的原始起点上

来，让忌妒成为你们奋斗的一种动力。然而，要克服忌妒心理，主要让自己学会一些调适心理的方法，具体如下：

一、学会胸怀大度，宽厚待人

大凡嫉妒心理很强的人，都是心胸狭窄、多疑多虑、自卑、内向、心理失衡、个性心理素质不良的人。努力完善自己的个性因素，提高自己的心理素质，以健康的心态面对生活。也就是说要有广阔的胸怀，要有容人之量。每个人都有长处和短处，不能因为自己有所短而乞求别人不超过自己，也不能因为你的成绩而阻碍别人的进步。

二、客观对待别人和自己，化忌妒为动力

所谓人非圣贤、人无完人，一个大度有涵养的中学生，是不会让忌妒任意滋长的，当对别人表示不服时，可将不服气变为志气，使自己有一种竞争意识，把别人学习好、能力强的特点作为促进自己发愤向上的因素。不是把精力用在怨恨别人、打击别人等无用功上，而是把注意力放在提高自己的成绩，增加自身的素质上，在追赶别人的同时实现人生的超越。通过自强不息的努力去超过别人，这本身就是一种健康意识。这种意识表现得恰当，就会使自己的想法成为达到目标的动力，使自己的追求具有良知和道义。相反，如果总是忌妒比自己成绩好的人，就会造成精神负担，对人对己都没有好处。

三、客观地看待自己

中学生易冲动，所以在忌妒心理萌发时，或是有一定表现时，首先，要做到冷静地分析自己的想法，同时还要客观地评价自己，从而找出自身的问题。其次，要积极主动地调整自己的意识，控制自己的动机和感情。当认清了自己后，再重新去评价他人，自然也就能够有所觉悟了。因为，聪明人会扬长避短，寻找和开拓有利于充分发挥自身潜能的新领域，这样在一定程度上补偿先前没能满足的欲望，缩小与忌妒对象的差距，从而达到减弱乃至消除忌妒心理

的目的。

四、充实自己的生活

英国哲学家培根曾说："忌妒是四处游离的性欲，能享有它的只有闲人。"如果学习的节奏很紧张，生活过得充实有意义，就不会有工夫泡在忌妒里。可借助各种业余爱好来宣泄和疏导，如唱歌、跳舞、练书法、下棋等。另外，最好能找知心朋友、亲人痛痛快快地说个够，他们能帮助你阻止忌妒朝着更深的程度发展。

五、自我安慰与自我反省

阿Q精神胜利法，就是自我安慰的最好方法。因此，中学生对于别人的成绩、长处要心存赞许，不要总想着贬低比自己强的人。要想到别人的成功大多是靠自己的努力得来的，自己要取得那样的成功，也必须付出艰辛的劳动。蓄意贬损别人，只能败坏自己的心情和声誉，于己于人毫无益处。忌妒心理的产生往往是由于误解所引起的，即人家取得了成绩就误以为是对自己的否定。人固然应该喜欢自己、接受自己、肯定自己，但还要客观看待别人的长处，这样才能化忌妒为竞争，才能提高自己。

六、减少虚荣心

中学生应塌实地学习，少虚荣就能少忌妒。虚荣心是一种扭曲了的自尊心，它追求的是虚假的荣誉。对于忌妒心理来说，要面子、不愿意别人超过自己、以贬低别人来抬高自己，恰恰是虚荣的表现，一种空虚心理的需要。因此当你开始有虚荣心时，你就想一下自己为何要这么做，这么做是否有必要？别人做得好应该好好向别人学习而不是去忌妒。所以克服一份虚荣心就少一份忌妒心。

七、加强个人修养，培养良好的情操

忌妒往往使中学生情绪纷乱，难以平静。这就需要引导中学生多读一些有号召力、奋进力的文章，多看一些名著，多读一些精言名句，多看有关先进人物事迹的报道，领悟做人的道理。具备更好

的心理素质，才能使自己面对漫长的人生，做到得意时谦虚谨慎，失意时泰然处之，最终走向成功之路。

忌妒心魔的力量是可怕的，忌妒心理的预防和克服不是一朝一夕可以做到的，要还自己纯净的心灵天空，还需要靠中学生自己来努力，然而只要认识到忌妒的危害并掌握一些克服忌妒心理的方法，就会很快找回自己的。不但如此，以后还会理智的控制自己的情绪，让自己永远不会迷失在忌妒中。

7.早恋的青涩苦果不要尝

早恋是青春期性成熟过程中，两性之间出现的一种过度亲密的互相接近的现象。在现实生活，中学生早恋现象并不鲜见，主要是少男少女因为身体发育开始成熟，本能地产生互相爱慕的情感。有的人表现为独自的单相思；有的人突破了羞涩的束缚，递纸条、约会、互相倾吐爱恋之心、借口互相帮助、形影不离，个别人则还发生进一步的两性接触等。因此，中学生一定要清清楚楚地认识到早恋的本质，并有分寸地驾驭它。

§中学生早恋的原因§

中学生早恋，分析其原因是多方面的，既有其自身的主观因素、生理及心理发育提前的原因，又有社会、家庭、学校等各种因素的刺激在起作用。具体可总结为以下几点：

1. 教育的不当易导致中学生早恋。现在有些家长贯行专制态度，甚者还会采取暴力，对他们的交往无理由的干涉，致使他们产生叛逆心理；还有些对孩子的教育放任自流，缺乏必要的指导……这些会使中学生和家长缺乏沟通，当他们的这种心理上一些需求得不到满足时，就会通过异性来慰藉。而学校则更关注学生们的智力

发展，一些学生为了片面追求升学率，任意削减活动课程，对性教育的认识不足和保守，校园文化单调……使中学生过剩的能量得不到正常的释放，最终促使他们走上早恋的迷途。

2. 建立在最初的纯真上。天真、爱幻想是少男少女们最突出的一个特点，把恋爱想象得无比浪漫、无比美好都是出于中学生自身的经历、知识、生活经验和社会经验浅薄。这个时候的他们，时常会因异性的一个非同寻常的眼神，一个充满鼓励的纸条，一次畅然的网上聊天，一次偶然的接触等而为之动情，并产生"爱"的冲动，开始谈情说爱。然而不能否认的是，也有少数中学生比较早熟，也有了真正的恋爱意识。但是这些人也只是想寻找精神寄托，寻求温暖，避免孤独，为了有个人诉说心中的苦恼等。总之，不懂生活苦楚，事事都太天真，缺乏各种生活经验都会导致中学生早恋的产生。

3. 中学生发生早恋的社会原因。少男少女们步入青春期的大门，身体发育就会愈加明显，特别是性器官的发育和自身性激素的分泌。于是，对于异性的吸引也成了自然之事。这时如果再加上社会及其他因素的刺激，如电影电视、音像作品和文学艺术作品忽视社会教育功能，单纯追求经济效益。对有关两性的视、听、感等综合形象增多，刺激强度增大。诸如接吻、拥抱、裸露的"床上戏"随时可见，某些书刊对性活动的自然主义的色情描写，尤其是网上，把这种事情表现的淋漓尽致，想让对任何事都新鲜的中学生不知道这些事情，好像比登天还难。还有一些浪漫到神话的爱情故事，那些发生在20岁左右年轻人身上的爱情故事，更是深深地吸引住了这些中学生，在他们的潜意识中，一直在幻想着这些浪漫的爱情会发生在自己身上。这些都无疑对情窦初开、良莠难辨的中学生的早恋起了强烈的鼓动作用。

所以，中学生必须正视早恋的事实，只要能清醒地认识早恋的实质，把这些易产生早恋的消极因素扼杀在萌芽状态，努力把注意力和精力放在学习和健康的课余活动上，你会发现其实生活里除了爱情还有很多有意义的事。

§早恋终究是苦果§

关于早恋的危害，有这样一则真实的故事。中学生王然暗恋班里品学兼优的小慧，出于怕被拒绝，便默默地把她放在心里。然而小慧对他的一举一动都看在眼里，但她觉得王然配不上自己，便装做什么也不知道。一个月后的一天，外班帅气的枫来找小慧，并不顾异样的眼光而拉起她的手，小慧羞涩地缩回了手。而这时在旁边的王然不知哪来的胆量冲上去就打了他一拳，枫的鼻子立刻流出了血。但小慧看到这一情景，哭着跑到王然面前喊道："我喜欢的是他！你死心吧！"小慧的这番话深深地刺痛着王然的心……事后，王然被学校毫不留情的开除了。一年后，走入社会以后的王然，性情大变，与痞子结伙来到他的伤心地。而这时的小慧就要参加中考了，枫也与她交往直到现在。这天放学，一起甜蜜的走出校时，突然被几个人围了起来。枫看见是王然就平静地说："与她无关，找我！"于是，几个人就开始打枫。几分钟后，打枫的痞子离去，王然反而留下，走向小慧："我们把他先送到医院，再陪我去自首？"小慧只哭无语……这就是生活中早恋的危害。因为青春期青少年容易感情冲动，但却十分脆弱，情绪又不稳定，考虑问题简单，很少顾及后果，这种心理状况使早恋好像天边的浮云一样变幻莫测，早恋者的情绪也会随之波动起伏，彼此之间感情往往反复无常。具体分析的话，早恋可以下几个方面危害中学生学习、生活和身心发展：

1. 对生活及学习造成严重的影响。有的中学生错误地认为："只要两个人志同道合，谈恋爱不会影响学习"，或者认为："相爱产生动力，促进两人学习"，这些都是极不客观的。实际上，早恋

的青少年中有不少成绩优秀、出类拔萃者，但因为早恋，使他们过分好奇、兴奋、痴迷，过分沉醉于爱的幻想中，再无法全身心地投入学习。尤其是女生，情感细腻敏感，不要说感情出现危机，就是正常发展都不能全身心投入学习中。另外，早恋者往往以恋爱为中心，情感为对方所牵制，加上身心未成熟，不影响学习是不可能的。很多家长和老师之所以能发现孩子们早恋，很多时候是从他们的学习成绩下滑开始的。

2. 早恋极难成功。早恋的盲目性、不成熟性以及父母、学校的干预、升学、转校、工作等太多因素使之极难成功。美国社会心理学家研究，男子在 23 岁之前结婚的离婚率最高。而其中又以 19 岁结婚者为最，"他山之石，可以攻玉"，从别人的现状想到自己的结局，早恋者快悬崖勒马，亡羊补牢吧。

3. 早恋者容易出现性过失。由于青少年容易冲动，并且自我控制力差，早恋的中学生容易做出些过激的行为。他们容易走向暴力，容易发生性行为……这些都会伤害青少年的健康。一旦出现越轨行为，如未婚性行为、未婚先孕，会让当事者羞于见人，担惊受怕，即使当时不觉得怎样，但日后给她们造成的挫折感、自卑感是无法用语言来形容的，对成年后感情生活的影响，往往也是难以弥补的。有的少女在事情败露后，在家长的打骂、学校的惩罚、同学的冷眼嘲笑面前无地自容，继而轻生。可见，早恋的结果，最终的受害者往往是少女。

4. 早恋易使中学生生理发育受到影响。青少年态度不稳定，恋爱中容易产生矛盾，心理不成熟、脆弱且耐受力差，容易在情感波折中受到伤害。其不成熟的心理去承受这份感情的重负，会给身体发育带来不利影响。因为人的情绪状态会影响内分泌，早恋的青少年把握不住自己的情感，起伏波动大。易产生一些莫名的烦恼，导致精神不佳，心悸、头痛、失眠等，从而影响身体健康发育。有的青少年因早恋受挫而怀疑人生，给自己的感情生活投下阴影，甚至影响今后的婚姻生活。

　　早恋是一朵美丽的花，但这朵花却是不结果实的花。不仅如此，早恋还对青春期的中学生的学习和生活造成很大影响，中学生如果能认清早恋的危害，时刻为自己敲响警钟，并且做到防微杜渐，对以后的健康成长是很有帮助的。

8.走出失恋的烦恼

现代生活中，哪个少女不怀春？哪个男子不钟情？尤其是青少年，由于生理、心理的逐步成熟，都会萌动春心，涉入爱河。挚情之恋是青年男女所憧憬的。它似一杯甘醇芳馨的美酒，令人如痴如醉。然而，有恋爱就有失恋，这是一个辩证的自然法则。

失恋，从心理学角度来说是青年时期最严重的挫折之一，也是生活中一种较严重的负性生活事件。初期常以急性心因性反应为主要表现，如：心烦意乱、焦虑不安、情绪低沉、愁眉不展、吃不下、睡不香、精神不振，对生活、学习兴趣减少，反复回忆恋爱经过，可以出现触景生情等。出现对爱的绝望感和一时的孤独感、虚无感是常见的心理反应。

§失恋者的心理特点§

男性存在着一种极强的自尊心理，对于失恋或许表面上看不出他的痛苦，但背地里其实痛苦不堪。失恋对于男性的打击实际上是巨大的，有时也许会摧垮他的人生信念，使他丧失生活的勇气，甚至会使他放弃对生命的追求。因为在现实社会中，男性被赋予更多的义务、责任、希望和要求，同样的失败结局，男性往往比女性要承担更多的压力。因此，对大部分男性来说被迫失去女方的爱，在心理上或精神上都是不可接受的，进而影响整个心理品质和人生态度。现实生活中，有些男性在遭遇失恋后就一蹶不振、郁郁寡欢，变得孤独而沉默。

与男性相比，女性更易把爱情作为人生的最高追求，而且更富有奉献精神。因此，当她把爱情看成是自己最大的幸福和满足时，爱突然消失了，女性的柔弱和痴情常常很难使她从失恋的悲痛中走出来，人生仿佛一下子变成了灰色。

那么，面对失恋的打击，青少年朋友会选择怎样的处理方式呢？处于青春期的少男少女富于激情和幻想，对于少年时代朦胧的初恋会感到神秘和神魂颠倒。由于青少年心理还不成熟，对爱情缺乏长远的考虑和准备，最容易在感情路上迷失自我。而且，青少年男女的情感虽然纯真却显得稚嫩，非常容易遭受挫折，而一旦遭受失恋的打击，就很可能身心交瘁、极度痛苦而不能自拔。也可能因为失恋而变爱为恨，失去理智，产生报复心理。或攻击对方；或自残；或从此嫉俗厌世怀疑一切男性，看什么都不顺眼；或从此玩世不恭，得过且过，寻求刺激，发泄心中不满。这给自己和他人都刻上了深深的心理伤痕。

§失恋后学会自我调节§

意志脆弱的青少年在面对失恋时很容易造成悲剧，对生活丧失兴趣，意志消沉。失恋的种种不良心态会严重影响青少年的身心健康，甚至会导致一系列的社会问题。那么，怎样才能摆脱这种痛苦，迈向新生活呢？正为失恋而痛苦缠身的不幸者不妨学会自我调整，自我拯救。

1. 学会向人倾诉。倾诉就是将自己的喜怒哀乐，尤其是怒和哀，毫无保留地倾吐给对方。失恋者精神遭受打击，被悔恨、遗憾、急怒、惆怅、失望、孤独等不良情绪所困扰，因此学会倾诉，找一个可以交心的对象，一吐为快，以释放心理的负荷。可以用口头语言，把自己的烦恼和苦闷向知心朋友毫无保留地倾诉出来，并

听听他们的劝慰和评说，这样心情会平静一些。也可以用书面文字，如写日记或书信把自己的苦闷记录下来，这样便能释放自己的苦恼。这是一种感情的排遣，也是一种心理调节术，是人们谋取心理平衡的一种需要。

2. 情感转移。就是要人及时适当地把情感转移到失恋对象以外的他人、事或物上。如失恋后，与同性朋友发展更密切的关系，交流思想，倾吐苦闷，求得开导和安慰。因为一个人在短时间内忘掉恋人，并不是件容易的事，感情这东西是很复杂，很缠绵，很微妙的。只有寻找到新的知音伙伴，才会慢慢抚平心灵的创伤，重新振作起来。

3. 加强心理疏通。此拯救是借助理智来获得解脱，用理性的"我"来提醒、暗示和战胜感性的"我"。静下心来想一想，爱情归根到底还是要彼此互爱，不可因一厢情愿而强求，应该尊重对方选择权。也可以进行反向思维，多想对方的不足点，分析自己的优势，给自己充分的自信心，迎接新的生活。此外，失恋者还可以这样假设，失恋固然是失去了一次机会，然而却让你进入了另一个充满生机的世界。就像海伦·凯勒所言："一扇幸福之门对你关闭的同时，另一扇幸福之门会在你面前洞开了。"

4. 失恋不失志。失恋者积极的态度会使"自我"得到更新和升华，全身心地投入到工作中去，许多失恋者因此而创造出了辉煌的成就。文学家罗曼·罗兰就是这样一个人。索菲亚虽然拒绝了他的爱情，但他并没有因此仇恨索菲亚，相反更加珍视同索菲亚的纯真友谊。他认为，索菲亚有选择爱情的自由，而自己却没有责难、非议她的权利。强扭的瓜不甜，爱情是不能一厢情愿的。以后，他继续与索菲亚通信，像原来一样探讨人生道德和艺术问题。他们之间的爱情之花虽然枯萎了，但友谊之花却越开越鲜艳。他的爱情小说《罗马的春天》，写下了自己早年对索菲亚的炽热的爱情。后来，他把与索菲亚互通的信件编成一本"两地书"，题名为《亲爱的索菲亚》。在这方面，伟人的行为很值得中学生去学习借鉴的。

9.别掉进网恋的陷阱

　　随着互联网的发展，网络化情感"网恋"也应运而生。作为网络时代的特殊现象，网恋具有不同于一般恋爱的特点。青少年是网恋的重要行为主体，一项网恋专题调查中得出：有87.7%的青少年表示网恋是他们满足情感需要方式之一。网恋正成为一种普遍的交往与恋爱方式，调查中有4成的被访者周围有网恋现象存在。很多中学生把大量宝贵的课余和假期时间花销在上网聊天上，一进聊天室就迈不开腿，聊得天昏地暗，由此看来，中学生"网恋"现象不容忽视。

　　"网恋"这一新生名词，对于青少年来说并不陌生。在许多人看来，网恋既虚幻又浪漫，似乎能给生活增添不少绚丽色彩。可是，对于涉世未深的青年人特别是未成年人来说，如果没有良好的心理素质和相应的精神准备，是很容易受到伤害的。尽管"网恋"是美好的、诱人的，充满浪漫的，但是"网恋"对"精神资源"的耗费也是巨大的，而且随时潜伏着欺骗、上当和失望，所以，这不得不引起人们的关注。

§青少年网恋的原因§

　　青少年在网络交往中往往会表现以下两种形式：一是迫切的展

现生活中的真实自我；二是突出自己的次要性格，在网络上变成自己"希望成为"的那种人。许多青少年喜欢上网的一个最主要的原因就是：在虚拟网络中，可以随便地隐藏自己想隐藏的任何东西，可以随便地表达自己想表达的任何东西，不会受到现实生活中的诸多约束，使交往变得更加宽松自如。网络信息传递的瞬时性、广泛性、超时空性，加之丰富的互动符号可以直观的表示出直接的感受等优点，极大地满足了富于幻想的青少年，尤其是少女浪漫情怀的需求。这两种情况也总结出了青少年网恋产生的主要原因，具体如下：

一是心理发展到一定阶段的宣泄。处于青春期的青少年对异性充满了渴望和激情，这是生理、心理发展的必然，但是这种情感长期为现实环境所禁锢和封杀，他们急需找到一个倾诉的对象或者精神寄托。而网络正好为青少年提供了一个无约束的自由环境和美好空间，他们完全不必担心对方会泄露自己的小秘密，也不必直面现实中那种冷酷表情。他们可以在网上一吐心中的不快，他们认为这是一种释放，一种解脱的有效方式。所以，网恋就成了青少年在网上寻找精神寄托的重要方式。

二是家庭教育问题。对于学生而言，现实中与异性的交往，往往受到限制。由于家长的不理解，学校老师对考分的要求，一看到男孩子跟女孩子在一块儿，他们就比较紧张。在网上就不同了，青少年在网上聊了什么，比较隐私，父母难以知晓。所以，他们认为只有沉浸网络世界中，才能消除他们的烦闷之情。

三是价值观念不断变化。随着时代的发展，外来文化的介入，社会结构的转型，人们的价值观念和行动取向产生了巨大的变化。从注重集体向关注个人转变，从崇尚理想向注重享受转变，从注重知识向注重精神转变。这是网络受到那些个性较强、生活不如意、逃避现实、过于贪恋享受类青少年痴恋的重要原因。

四是青春期的猎奇心理和盲从。青少年由于年龄和阅历的关系，他们与异性交往的经验较少，而感情又比较热烈和纯真，他们总是毫无防护意识的轻信他人。他们是社会群体中最富有理想和激情、敢于探索和追求的群体，他们总是试图打破传统的规范，不断地寻求和尝试新的生活方式，于是他们在网络中获得了满足与娱乐、释放乃至宣泄。甚至是一种畸形的痴恋。而仿效、盲从又致使一些根本未涉足网络、未迷恋网络的青少年，也自觉不自觉地入了流。这是青少年一种独特的心理趋向。

在众多因素的诱使下，青少年网恋现象已成为了一种社会趋势。网恋带来的负面影响，也越来越多地引起人们的关注。

§青少年网恋的危害§

医学心理学认为，沉醉于网络虚拟世界，严重影响着青少年的身心健康。具体来说，有以下几个方面的危害：

危害一：网恋影响青少年的学习。

有关专家指出，青少年网恋容易形成"三浪费"即"浪费金钱，浪费时间，浪费感情"。它需要大量的时间和金钱作为维持，像上网费、电话费、约会见面请客费等，无疑会加重自身负担。学生整天沉醉于网恋的卿卿我我中，无所事事，课堂上注意力不集中，上午考试了还在寻思叨念下午的约会。许多网恋中的少男少女们，成绩都一落千丈，最后网恋也不能成功，致使他们受到了极大的打击。这些势必影响正常的学习生活，打破正常的作息规律，影响青少年的心理健康。

危害二：网恋具有很大程度上的危害性。

某中学的一个女生张某在网上结识一名男孩。通过聊天，张某被男孩子的言辞深深吸引了。特别是"阳光男孩"介绍自己为某公司的白领，父母在国外等情况时，更让她羡慕至极，而男孩似乎也对她萌生了爱意。当男孩提出见面时，张某一口答应，并瞒着家

人，踏上了南下的列车。然而，当张某见到这个男孩子时，竟然发现她的"恋人"是一名小混混，在网上欺骗了她。见张某万般后悔准备离开时，这名小混混凶相毕露，带着几名兄弟，将女孩强行带到某旅馆进行多次轮奸，并抢光女孩子所有的钱物。类似的报道在各种媒体上屡见不鲜。网络拉近了人与人之间的距离，可也容易被坏人利用，它就像一个温柔的陷阱，无情地吞噬着思想单纯、感情纯真的青少年的身心和生命。少男少女应充分认识网络世界的虚拟性和险恶性，对网络恋情多一分清醒，少一分沉醉，时刻保持高度警惕。

危害三：网恋加剧青少年心理偏差。

网络毕竟是一个虚拟化的平台，长期沉迷于这个虚拟的世界里，容易使青少年不知不觉脱离现实生活，异想天开，严重地摧残了青少年幼小的心灵。少男少女一旦寻找到了感情的小天地，就更加不愿意同周围的同学、老师交流和交往，将大部分时间和心思倾注在网恋上。长此以往，必然导致因过分专注网恋产生的心理障碍，情绪化严重，人际关系敏感，甚至养成孤僻内向等不良性格。遇到障碍时还会变得冲动、任性，攻击倾向明显，暴力倾向增加。

另外，网恋对在青少年的心理造成严重伤害的同时，对于青少年的身体健康也会产生极为不利的负面影响。由于长时间上网和高度神经紧张，使大脑代谢水平与躯体代谢水平发生严重失调，整体代谢水平下降，面色苍白，体质虚弱。网恋的危害性可见一斑。

§青少年网恋自救攻略§

网恋已成为社会上一些年轻人休闲、娱乐的一种新时尚。网上聊天由于看不到对方容貌、不知对方的详细情况，容易将深藏在心底的感情与欲望淋漓尽致地宣泄出来，就连平常生活中不敢说的

话，都会一吐而出。所以，在聊天室里，许多难以启齿的求爱信息屡有出现。网络聊天室内刊登的此类信息，严重地败坏了网络的"清新空气"及网友的声誉，网恋也正在成为青少年防不胜防的"桃色陷阱"。这一点十分值得青少年及其家长、教师给予关注。

1. 有一种爱叫做放手

网络里的爱情很脆弱，经不起任何风吹雨打。网恋是朵虚幻不真实的花，它常常会短暂地迷惑住我们的眼睛。所以，在这朵虚幻的花还没有开放之前请放手吧！对于青少年学生来说，在面对网恋时，不妨多一些理智，多一份洒脱！

2. 树立正确的人生观、价值观

不可否认，网络的确丰富了青少年的生活。借助网络丰富知识，开拓知识，可谓善举，抑或偶尔借助网络放松一下紧张的学习生活，也未尝不可。但青少年学生要谨记，千万不可为了一时的满足与快乐，把大好的时光都虚掷在光怪陆离的网络虚拟世界里。青少年应更爱恋人生、爱恋学习、爱恋这美丽世界中那多彩绚烂的若干美好。应树立起正确的人生观、价值观，让青春无悔，让人生闪光。

3. 多看看网外的世界

网络虽然神奇，虽然极具魅力，但网络毕竟是一个虚幻的世界。在网络以外，还有一个更广阔、更精彩、更真实的世界。

青少年学生可以选择走近大自然，摸一摸绿草的温柔，嗅一嗅鲜花的芳香，听一听鸟儿的歌唱，看一看鱼儿的嬉戏，瞧一瞧蓝天的白云，望一望夕阳的余辉。也许这会一扫你学习的疲劳，给你带来惬意的心情及创造的灵感。

你还可以寻找家庭的温情，和长辈聊一聊、谈一谈，和弟弟妹妹"疯一疯"，甚至还可以和家中可爱的猫儿、鱼儿乐一乐。也许这能使你消除学习带来的紧张与困倦，培养愉快的心理情绪。

4. 提高自我保护意识

提高自我保护意识，是防止掉进网恋陷阱的关键。青少年上网之后，老师和家长代替不了他们的言行，而且网络上有很多消极、不健康的内容，这都需要青少年提高自己的免疫能力。青少年应远离网恋这种不现实的行为，不要轻易与网友见面；不要登录不适合自己的网站，控制上网时间。总之，青少年要学会自我保护，远离网络垃圾，防止掉进网恋陷阱。

第六章　成长点滴
——享受健康的使命

　　青春期是美丽人生的特殊时期，也是生理发展的重要时期。对于正处这个时期的中学生来说，在享受青春的同时，也要关注自己的身体!

　　健康是人生的最大幸福，失去健康便失去一切。中学生正处在身体生长发育的"第二个高峰期"，这时身体发生了巨大的变化，开始显现出各自鲜明的性别特征，特别是性器官有明显发育并出现第二性征。而此时的中学生们却是朦胧的，如同初梦方醒，开始进入人生的又一个奇妙的驿站。因此，中学生要认真学习"健康教育"知识，了解自身的变化规律，使自己能健康地、愉快地度过人生的关键阶段。

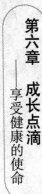

1.揭开"性"的神秘面纱

　　随着性生理的发育，中学生的性心理也随之发展。由于受传统思想的影响，中学生的性教育缺失，性发展受到压抑，因此经常发生偷看黄色录像、早恋及过早性行为等问题是青少年时期较为突出的心理行为问题。"性"成为了中学生群体面对的一个很严重的问题。其实，性并没有青少年想象中的那样神秘，中学生只要对男女的性生理有一个全面的了解，打破性的神秘感，用一种健康的心理和正确的态度对待性的骚动，从而提高自控能力。性意识的畸形发展，不是性泯灭，而是性神秘。揭开"性"的神秘面纱，让青春期孩子们不再有困惑，从而正确地面对青春期的骚动，顺利地走过青春期。

§"性"神秘的悲剧§

　　青春期性教育直接影响着每一个中学生的健康成长和学习质量；也影响着两代人的和谐亲密甚至社会伦理秩序的稳定，大大超越了所谓个人私事的范围，涉及一代青少年的素质水平，家庭教育的质量；也涉及学校育人的质量，因此是个不折不扣的社会问题。一些缺乏青春期性教育的"坏孩子"已经越来越让整个社会感到不安。随着各种信息渠道的增多，中学生对性知识更是一知半解，从

而安全性更加没有保障。

在一项对两千多名青少年女性的调查结果中发现："57.1%的人患有生殖道感染；首次性行为最小年龄只有 13 岁，性年龄提前了 2.1 岁；性伴侣数最多达到 16 个，而 9 道极为简单的关于性健康知识的测试题，答对者却只有 1.2%。"在这一连串触目惊心数字的背后，透视着当今青少年们认识性、理解性和接受性的态度。也许这个数据对广大青少年来说并没有太大的警告作用，那么以下的几个例子也许会给中学生们一些小警示。某中学一个 18 岁的女生以例假为借口没来医院检查，结果发现她已怀孕两个月。当医生问她之前做了多少次人流时，她竟毫不在乎地说："记不清了，去年就做了三次。"还有另外一个 14 岁的学生，初一的她竟然怀孕 9 个月了。躺在手术台上的时候，这个 14 岁的学生给人的还是一张稚气无知的脸，那种无知的样子，好像这一切的事情都是发生在别人身上，与己无关的样子，而一旁的母亲却在不停地抽泣。对许多学生来说，他们对性知识和生殖健康知识的缺乏，使许多中学生在身体和心理方面都受到了极为严重的伤害和打击。

由于学校教育、家庭教育以及社会舆论等多方面因素的影响，大多数中学生缺乏性知识，甚至有许多中学生不知道性交之后会有孩子，他们会幼稚地认为，这对身体没有什么大的危害。

某一中学女生几次例假没有来，当她母亲带她到医院检查时才发现她已经怀孕。经了解才知道她在一个月内一直被一个男生在放学的路上强行发生性关系，当问及她为什么不报警时，她竟反过来问为什么要报警，自己也没有什么不舒服的感受……很多青春期的少年对性和如何避孕一无所知，有的甚至把过早性行为当作是"成熟的表现"，根本不知道过早、过多人工流产可能会造成终身不孕。从另一方面讲，很多学生怀孕了不敢告诉家长，于是就自己一人随便找一个小医院去做人流，但是小医院由于各种器械不齐全，常常会给人们的身体带来很大程度的伤害。做人流手术时，如果手术时消毒不严,将细菌带入宫腔,会引起输卵管炎造成输卵管阻塞;或者由于刮宫过度,损伤了子宫颈管和子宫内膜,精子就不能通过子宫颈管进入宫腔,使受精卵不能着床和发育。也许对于一些开放的女生来说,医院的无痛人流手术,很快能为这些怀孕的少女解除烦恼,因此难以对她们起到警戒作用,以至于很多少男少女对人流可能带来的危害丧失警惕而显得肆无忌惮。这一系列的现实都给青少年带来了许多危害。

而正是因为好奇才去尝试,中学生们要清楚地明白性的真义,才能走出性认识的误区。

§让"性"不再神秘§

处于青春期的中学生,性意识逐渐觉醒,对性产生好奇感是不可避免的,不要因此而羞愧,要把它作为一种科学,一种知识来了解,从而达到正确对待性的目的。现在的学生比起父母辈,许多事情自己还是能够能处理的,可避免许多的意外发生。

首先,应该明白自己的身体,也就是对自我有一个清楚的认识。青少年要了解自身性生理、性心理的特征与发生发展的过程。在青春期前,男女最明显的性征就是生殖器官。男女生殖器官在胚胎时期已经形成,这种生来具有的两性生殖器官的特征,称为第一性征,又叫主性征。男性生殖器官可分为外生殖器官和内生殖器官两部分。外生殖器官是露在体外的阴囊和阴茎,内生殖器官主要是睾丸、附睾、输精管、精囊等。睾丸是男性的性腺(也叫生殖腺),是男性的主要性器官,其余的器官都是附属性器官。睾丸在阴囊内,呈卵圆形,左右各一个,有储存精子的功能。此外,附睾和输精管也是把精子输送到体外的管道。女性的生殖器官也分外生殖器官和内生殖器官两个部分。女性的外生殖器官主要有阴阜、大阴唇、小阴唇、阴蒂、处女膜等;内生殖器官主要包括阴道、子宫、

输卵管和卵巢。卵巢是女生的性腺（也叫生殖腺），是女性的主要性器官，其余的器官是附属性器官。巢位于盆腔内子宫的两侧，左右各一个，呈卵圆形，是产生卵子和雌性激素的器官。输卵管是一对形状像喇叭的细长管子，细端与子宫相通，粗端的喇叭口接近卵巢。输卵管的主要功能是输送卵子。子宫的形状像一只倒放的梨，前后稍扁，位于膀胱与直肠之间，是胚胎发育的地方。阴道是扁平的管状，阴道分泌物呈酸性，有防止病菌在阴道内繁殖的作用。

其次，正确对待异性交往。性是人类的生理需要，逃避它就像逃避食物和水一样不合理，中学生要对性有一个正确认识性，正确理解性观念，以一种科学、开放的态度面对性。在两性关系中，与异性的交往是达到青春期心理成熟的必要条件之一。异性是一面镜子，通过互动，来确立和发展自己的性别意识，丰富对自我的认识。

在这个高速发展的今天，时代在变，每一个人的观念在变，青少年要做到让性不再神秘。

2.了解你的好朋友——月经

月经是生理上的循环周期，又称为月事、例假，多数的女孩子对月经都用俗称如坏事儿了、倒霉了等，月经是女孩子进入青春期的标志之一，它就像一位忠实的好朋友，形影不离地陪伴着女性美丽的人生。月经血的特点是一种不凝固，呈暗红色的液体。月经血中除血液外，还含有子宫内膜脱落的碎片、子宫颈粘液及阴道上皮细胞等。

月经是女性的一种正常生理现象，因多数人是每月出现一次而称为月经，它是指有规律的、周期性的子宫出血。严格说来，伴随着这种出血，卵巢内应有卵泡成熟、排卵和黄体形成，子宫内膜有从增生到分泌的变化。多数女孩子在月经期无明显症状，少数可有乳房发胀、头痛失眠、心慌、下腹胀痛和情绪不安等。这种情况一般不影响工作，也不必治疗，月经期过去以后症状会自然消失。月经第一次来潮称为初潮，初潮年龄大多数在13~15岁之间，但可能早在11~12岁，晚至17~18岁。出血的第一天为月经周期的开始，两次月经第一天的间隔时间称为月经周期，因此月经周期的计算应包括月经来潮的时间。一般女子的月经周期是28~30天，但是也有人40天来一次月经。但只要有规律性，均属于正常情况。另外，月经容易受多种因素影响，所以提前或错后3~5天，也是正常现象。但需注意，末次月经是指此次月经与通常一样的行经持续时间

及量，不要将阴道不正常出血误认为是月经。此种出血一般量较月经少，时间或短或延长，或失去平时月经来潮的规律。如果次月经周期是 20 天，下次是 40 天，而且经常出现这样情况，有的甚至月经来 1~2 天，过 10 多天又来 1~2 天，失去了周期性，这属于月经不调。少女初潮时，由于卵巢刚发育，功能还不完善，所以会出现功能紊乱和不规律，这不是病理现象。所以一般情况下不用担心，如果是处于以上情况，在月经期间注意一些宜忌就可以调理了。

§月经期宜忌§

月经是一种正常的生理现象，不会给女孩子带来伤害，但是由于在青春期阶段，机体因受到一些影响，会出现抵抗力下降，情绪容易波动、烦躁、焦虑等。所以在这一时期也有一些宜忌现象，对于这些知识，女孩子更需要知道，在每个月的那几天需要加以保护。

第一，忌食生冷的食物，宜温热的食物。中医学认为"血得热则行，得寒则滞"。在月经期间，如果吃了生冷的食物，那么对于脾胃造成伤害从而会影响消化。另一方面，易损伤人体阳气，易生内寒，寒气凝滞，可使血运行不畅，造成经血过少，这也是许多女孩子痛经的主要原因之一。特别是在酷暑盛夏时节，有的女孩子经不起热而在月经期吃冰淇淋及其他冷饮，这些都会给自身带来伤害，所以饮食要以温热为宜有利于血运行畅通。在冬季还可以适当吃些具有温补作用的食物，使得自己美丽永葆，健康永恒。

第二，不宜喝浓茶。这是因为浓茶中含有咖啡碱，它会刺激神经和心血管，容易产生痛经、经期延长和经血过多。同时，浓茶中的鞣酸会使铁的吸收出现障碍，引起缺铁性贫血。所以爱自己的女孩子应该在月经期间远离浓茶。

第三，忌食酸辣宜清淡的食物。当月经来临时，你常会感到疲

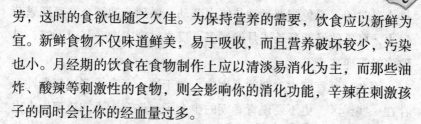

劳，这时的食欲也随之欠佳。为保持营养的需要，饮食应以新鲜为宜。新鲜食物不仅味道鲜美，易于吸收，而且营养破坏较少，污染也小。月经期的饮食在食物制作上应以清淡易消化为主，而那些油炸、酸辣等刺激性的食物，则会影响你的消化功能，辛辣在刺激孩子的同时会让你的经血量过多。

第四，吃饭时宜荤素搭配，更应该注意补铁。因为在月经期间，每一次的月经量一般约为 30~50 毫升，每毫升含铁 0.5 毫克，也就是说每次月经要损失铁 15~50 毫克。而铁是人体必需的元素之一，它不仅参与血经蛋白及多种重要酶的合成，并且对免疫、智力、衰老、能量代谢等方面都发挥重要作用。因此，月经期进补含铁丰富和有利于消化吸收的食物是十分必要的。宜多吃鱼类和各种动物肝、血、瘦肉、蛋黄等食物。总之，月经期间不但要遵循衡膳食的原则，还要结合月经期特殊的生理需要，供给合理膳食，注意饮食宜忌，千万不要因此而使自己的健康受到伤害。

第五，在月经期间不宜用嗓子，最好不要高声唱歌。在月经期间，呼吸道黏膜充血，声带的毛细血管也充血，管壁变得较为脆弱。此时若是长时间或高声唱歌，可能由于声带紧张并高速振动而导致声带毛细血管破裂，声音沙哑，甚至可能对声带造成永久性伤害，如嗓音变低或变粗等。

第六，不宜口味过重，因为过多的盐会使体内的盐分和水分贮量增多，在月经来潮前夕，会发生头痛、激动和易怒等症状，应在来潮前十天开始吃低盐食物。

第七，不宜穿紧身裤。有的女孩子爱美，为了达到收身效果，所以在月经期也穿紧身裤，但是这样会使局部毛细血管受压，从而影响血液循环，增加会阴摩擦，很容易造成会阴充血水肿，所以为了建议不要紧身裤。

第八，在情绪方面应该保持愉快的心情，因为如果情绪过于激动也许会导致症状。另外还要注意不要过于劳累，应该注意合理安

排作息时间，避免剧烈运动与体力劳动，做到劳逸结合。经期繁劳过力，可导致经期延长或月经过多；反之过度安逸，气血凝滞，易致痛经等症。

第九，不宜使用过期的卫生巾，关于这一点有许多成年女性都存在一些误区，更不要说青春期的少女了。许多人不知道卫生巾也是有保质期的，因为任何储存过久的和卫生护垫都不卫生，因为它们可能随储存环境的不良而变质。尤其如果储存在阴暗潮湿的环境里，即使有外包装，细菌还是能够趁虚而入。所以，对于那些已过期的卫生巾一定不要用。

§月经病的处理办法§

对于青春期的少女来说，时常会因羞涩而对那些月经时期的各种"不适"羞于出口，有的患了病却不自知，继续坚持下去，这样就会给自己带来一些伤害。所以一些常见的月经病及处理方法还是需要处于青春期少女了解的。

第一，痛经。一般情况下，痛经分为原发性痛经和继发性痛经。对于少女来说，通常是原发性痛经。原发性痛经是一种功能性的疾患，主要与精神紧张、子宫痉挛和体质虚弱有关。疼痛是由于子宫的收缩与缺血所致，这可能是通过分泌型子宫内膜产生的前列腺素所致，所以原发性痛经几乎总是伴有排卵性周期。参与的因素包括组织通过子宫颈，狭窄的宫颈，子宫位置异常，缺少锻炼及对月经有忧虑。这常见的紊乱往往始于青春期，并随着年龄的增长及妊娠而减少。少女原发性痛经婚后大多可自愈，只要在经期减少紧张情绪，保证充足睡眠进行体育锻炼，增强体质。平日注意生活规律，劳逸结合，适当营养及充足睡眠，都有助于减轻症状。服用一些红糖生姜汤、益母草冲剂及注射维生素 K3 等，也可以使痛经得到缓解。最后也要注意加强经期卫生，避免剧烈运动、过度劳累和防止受寒。

　　继发性痛经多属后天性，在初经时并没有出现经痛的感觉，到了20多岁可能因为体内的器官产生病症而引起疼痛的感觉，治疗原则是针对引起痛经的病变进行特异性治疗。这种情况较常发生在已婚的中年妇女身上，所以在此不过多介绍。

　　第二，月经不调。月经不调是一个统称，它包括月经提前、延后、不定期、量过多或过少等。随着青春期的来临，女孩子的月经也随之而至。月经不调是子宫肌瘤、卵巢囊肿等妇科疾病的最常见症状，应该给予相当的重视。月经不调经常有这几种情况：月经量过多，出血有周期性，常伴有经期延长；月经周期缩短，月经量多；不规则出血，月经失去正常周期性，经量时多时少，淋漓不尽，持续时间长。不管哪一种情况，都可由于长期月经过多或不规则出血，导致失血性贫血，出现头晕、乏力、心慌、气急等现象，严重者还有可能危及生命。所以要对月经不调有足够的认识和重视，那么当月经不调时，青春期的女孩子应该怎样做呢？

　　气血两虚型：月经周期提前或错后，经量增多或减少，经期延长，色淡，质稀；或少腹疼痛，或头晕眼花，或神疲肢倦，面色苍白或萎黄，纳少便溏；舌质淡红，脉细弱。治疗宜气血双补，可用补中益气丸、十全大补丸、乌鸡白凤丸、八珍益母丸、八宝坤顺丸、女金丸、当归调经丸、当归红枣颗粒、归脾丸、四物合剂等。

　　血寒型：经期延后，量少，色黯有血块；小腹冷痛，得热减轻，畏寒肢冷；苔白，脉沉紧。治宜温经散寒，可用艾附暖宫丸、田七痛经散、金匮温经丸等。

　　血热型：月经先期，量多，色深红或紫，质稠粘，有血块；伴心胸烦躁，面红口干，小便短黄，大便燥结；舌质红，苔黄，脉数。治宜清热凉血、调经止血。可用风轮止血片、四红丹等。

　　肾虚型：月经周期先后无定，量少，色淡红或黯红，质薄；腰膝酸软，足跟痛，头晕耳鸣，或小腹冷，或夜尿多；舌淡，脉沉弱或沉迟。治宜补肾调经。可用女宝、嫦娥加丽丸、定坤丹、鹿胎膏等。

3.青春期男性遗精现象

在青春发育期的男孩，身体会发生很多变化。其中遗精就是最明显的，但是由于种种原因，青春期的男孩面对这些变化往往会感到困惑，又不好意思与人交流，于是这便成了他们的秘密。但是如果长久得不到解决的话就会影响身体的健康。青少年进入青春期后，生殖器官也随着发育逐渐成熟，因此，会不断产生精子和精浆。在性欲冲动或遇到外界刺激后，不自觉地就会将其排出体外，这是正常的生理现象。青春期后的大部分健康男性都会发生此现象。据统计，有80%的青少年都有遗精现象，其实，这并不可怕，更不会有什么危险。所以，青少年不要过于担忧。对于这一现象，青春期的男孩子需要对此有一个全面的认识。

§认识遗精现象§

遗精通常又称"梦遗"或"梦精"，是指无性交的情况下产生的一种射精活动，遗精是一种正常的自然生理现象在睡眠做梦时发生遗精现象称为梦遗；在头脑清醒时产生遗精称为滑精。遗精标志着男子汉逐渐走向成熟，开始有了生殖能力。但是对于有些青少年来说就会产生不良的影响，有心理上的也有身体上的。因此，在中学阶段的男孩子认识遗精现象对于自身的健康成长是很有必要的。

那么男性遗精产生的原因是什么呢？

对于遗精的现象，古代的人有一种错误的认识，认为那是人的"元气"，是人体的精华。就是现在也有很多男孩也有这种认识，那就是总认为遗精是道德不纯洁的表现，所以当清晨醒来时，发现自己梦遗这一现象污染了衣物被褥时，总是感到难于见人，生怕被家长发现，近而感到迷惑或惶恐不安，甚至产生负罪感。这种现象对于青春期男生的成长是不利的。有的把这种现象说成是病理因素或道德缺陷造成的，还再三强调遗精是有害的，认为男孩子应避免出现这种现象；有的把梦遗归结为是由于衣裤穿得太紧、或被褥过暖、或睡眠姿势不恰当，使阴茎受到刺激所致；还有一些家长认为梦遗是由于男孩子思想不纯洁所致；有人则认为是由于性发泄途径不畅出现的高度紧张反应。从现代的医学观点上来看，男性性器官成熟以后，每天大概产生一亿左右的精子，这个量还是比较大的，所以产生到一定程度储存不下就会溢出来，"精满自溢"就是这一正常生理现象。

在没有性交活动时的射精称为遗精。遗精是青春期后男性常见的生理现象，未婚男性在正常情况下，每月遗精1~2次。青少年出现遗精现象一般有两种情况：一是生理性，这是正常现象，每个月出现1~3次遗精，不是病态的表现。第二种是病理性，遗精次数较多，其原因是由于长期手淫或是思想过分集中在与性有关的问题上，也可能患有包茎、前列腺炎等不良疾病，造成局部受到刺激而引起疾病。遗精的年龄有早也有晚，有的从11岁就开始有了，有的则到20岁才出现。出现晚的并不是精子生成的晚，而是精子生成以后，可以储存在体内而不排出，时间长了就会被吸收，并不是非得排出不可。精液是由男性性腺和附性器官分泌的乳白色，带有特殊气味的液体，由精子和精浆组成，精浆里最多的是水分占了90%，其他的成分有蛋白质、果糖、前列腺素等，精子在睾丸中产生的，仅占精液体积的1%。一次射精的精液量约为2~5毫升，这

些成分对青壮年而言，只需 2~3 天即可补充好。对遗精有了全面的认识之后，那么当这种情况再出现的时候，你就会在心理上产生不必要的负担了。

§谨防频繁遗精§

俗话说"精满自溢"，对于处于青春时的男孩子来说，如果较长时间没射精，则会出现遗精现象，这是很正常的。但是频繁的射精，就不能说是正常情况了，而要引起注意，如果严重的话还要去医院就诊。

遗精原因有很多种情况，据有关人士对青少年调查，第一次遗精的最小年龄是 12 岁，到 18 岁时有 97%的青少年都已有首次遗精的发生。有些青少年在大白天莫名其妙地产生"遗精"现象。其实这种现象应称为"滑精"，一般发生在清醒时；长时间出现滑精现象对身体是有害的，它会导致头晕脑胀、腰酸腿软、心慌气短等不良症状。一般情况下，缺乏性知识，如受色情书刊或录像的刺激，长期思考与性有关的一些问题，经常处于色情冲动中或有手淫习惯，致使大脑皮质始终处于兴奋状态，导致遗精；思想过度集中在性的问题上，大脑皮层始终存在一个性的兴奋灶，随时会触发脊髓中枢兴奋；精神上紧张、焦虑、恐惧，造成肌肉紧张与肌肉运动加强；体质过于虚弱，劳累过度等造成的全身各器官功能失调，尤其是大脑皮层失去对低级性中枢的控制，而勃起中枢、射精中枢兴奋性增强，也是引起遗精的一种原因。劳累过度、长期慢性疾病、身体虚弱、营养不良，使射精功能紊乱。还有生殖系病变，如前列腺炎、精囊炎、包茎、包皮过长、包皮龟头炎等，出现炎症充血刺激，使阴茎易勃起，均可造成频繁遗精。另外，在患者日常生活中，穿紧身裤、睡眠时被褥太暖或太沉、睡前玩弄性器官、餐餐吃刺激性的食物或饮烈酒，容易诱发阴茎勃起，引起性器官充血，也可造成遗精。频繁遗精会导致头晕、背痛、疲乏无力、注意力不集中，严重的话还会影响正常的学习和生活。

如果遗精过于频繁，就需要采取一些措施。

第一，避免染上手淫的坏习惯。因为手淫可使大脑皮层处于高度兴奋状态，经常手淫的人由于频繁遗精，容易造成神经衰弱，记忆力下降、头晕、失眠等，既影响健康，也影响学习。

第二，要养成良好的生活习惯。良好的生活习惯包括：内裤不要穿得太窄，被子不要盖得太厚；睡觉最好采用右侧卧，不要仰卧，更不要俯卧；早上醒来，睁眼即起，不睡懒觉。

第三，注意性器官卫生，经常清洁外生殖器，除去包皮垢，勤换洗内裤，不穿紧身衣裤。

第四，调整睡眠习惯，防止睡眠时下半身太暖和，被盖也不要太重。睡眠姿势尽量减少俯卧位，两手避免放置在生殖器部位。睡前不饮酒和不吃刺激性食，不要长久热水洗澡或浸足，睡前不要剧烈运动。

4.性幻想并不可耻

随着大量的影视剧和有色电影的影响，许多中学生过早认识到了性，并对之产生种种幻想。有的人认为这是一种可耻的现象，至少是一种可耻的行径，其实这是一种错误的看法。性幻想是人类最常见的性现象，每一个心智健全的人都会有这样或那样的性幻想。只不过在出现频率、长短、内容、性质以及对待它的态度等方面存在着较大的差异而已。性幻想是中学生性成熟之际在特殊性行为倾向的基础上逐渐萌生的，所以说性幻想并不可耻。

§产生性幻想的原因§

一般来说，处于青春期的少男少女对性的幻想是一个活跃时期，在这个时期，对异性产生强烈的爱慕和渴望，却又没有勇气向心目中的对象表露爱慕之情，于是便把在文艺作品，影视节目中所见到的两性性爱情景重新组合，用自己的想象力编成由自己参与的性活动过程，以满足自己的性欲要求。对于日渐发育的中学生来说，他们开始注意通过衣着打扮等来设计和表现自己的形象，以吸引异性的注意和同性的羡慕。如果种种努力并未引起他人的注意之后，便会通过幻想来达到心理上的满足。实际上，性幻想是一种心理补偿。

如说青春期少女正处于发育期，由于体内雌激素分泌增多，出现乳房隆起、月经来潮、音调变高等第二性征，这些生理现象，使她们开始产生性意识，加上影视片的普及，丰富的社交活动，使她们的青春觉醒超前出现，开始捕捉性的知识并产生性幻想。影视中多情的镜头、小说中性的语言及公园里恋人们的亲昵动作等，都会引起她们莫名的性幻想。在这个过程中始终会有一个她心中的异性伴随在她的左右。用一句话总结就是现实与理想不能统一时，她们就会通过性幻想来使自己得到满足。

处于青春期的少年男女，其生理发育成熟，逐步产生了性的意识，如性欲、性冲动往往是强烈并且容易被激发的。青春期是人一生中性能量最旺盛的时期，但性往往是"禁区"，面对性冲动，中学生只能压抑自我，或压抑性需要而选择精神上的"实践"，让那些"被禁止"的愿望得以实现，在某种程度上满足内心需求。所以采取性幻想说是一种满足自己的性需要最安全、最方便的发泄方式。每个中学生都有足够的理智，不会轻而易举地沦为梦幻的奴隶。所以聪明的你在幻想完了之后就会把自己的精力引到学习中去。

§正确认识性幻想§

随着岁月的增长，加之日常生活中各种信息的灌输，青春期的少年男女就会对性知识有兴趣，对异性生理结构好奇，对生育原因感到神秘，继而对异性产生好感、爱慕和向往，在社交场合因异性的出现而紧张、兴奋，并关注自己对异性的魅力，很想在异性面前特别出色地扮演性别角色，并以娇媚羞怯或执拗的神情对待异性的挑逗。性心理学家把这些心理活动概括为"性吸引"，把对这些行为的联想称之为性幻想。但是由于传统教育，使得许多中学生会认为这种想法是肮脏下流的，在某种程度上来说，这种幻想对一些中

学生造成了不同程度的伤害，所以让青春期的少年男女来说正确认识性是十分必要的。

由于青少年的创造力正处于人生的高峰期，所以对性的幻想也是五花八门，性幻想的详实生动程度与以往性经历、想象力和所接受的媒体信息量成正比关系。性幻想的内容都与异性交往有关，女孩常常幻想与白马王子一见钟情，私订终身。在进入角色以后还伴有情绪反应，可能激动万分，也可能伤心落泪；有时一个人坐着发呆，时不时地还会独自发出微笑；有时脾气又特别暴躁，动不动就莫名其妙地发火。有人在性幻想中爱做旁观者（像电影观众）；有人在性幻想中则偏爱充当情节中的主人翁；还有人喜欢客串多重角色。性幻想主要是由于对异性的迷恋。在青春发育期，很多人常会对一些根本不认识自己的偶像产生倾慕和种种幻想，每天望着偶像的海报编织美梦。幻想的妙处在于可以不受时间、空间限制，不怕别人窥破，容许自己暂时超脱现实；用幻想可以加强自我价值观，使自己集中注意自己的优点；是每个正常人都可能存在的，它对性爱有一定好处，为性生活增添乐趣，是正常生活的一部分，并非病态。中学生之所以产生性幻想，即是自身性心理朦胧的萌发，又是对性知识的一知半解，对性冲动缺乏自控能力的表现。适当的性幻想是可以理解的，它是青春期心理需求的合理宣泄，是没有什么负作用和负效应的。所以一般情况下，性幻想是不用担心的。不过幻想宜适度，尤其对于处在花季的中学生们来说，若只是一味幻想，沉沦于性幻想中，则会延误学业，误入歧途，乃至走上性犯罪道路或产生性心理障碍。

有时候，一些有中学生会认为这种思想是道德品质不健康的表现，便因此有了很大的心理负担。其实，这只是人类的一种性心理活动而已。这种心理现象，绝不仅仅只是一种生物的本能行为，而是与人类的认知、情感等心理活动密切相关。同时，又受到社会文化背景、道德观念和制度法规的制约。从另一方面来说，人们的性幻想与现实之间的关系实际上和富翁幻想、明星幻想与现实之间的关系一样，对实现的可能性自己很清楚。其实，在真正明白"幻想≠现实"之后，就很容易把性幻想看淡一些，当作轻松的作料，作料是永远不会成为主食的。所以中学生没有必要让自己的心理负担过重。

当代社会随着人们观念的开放，部分中学生也不会把这种观念当成是一种可耻的观念，所以也就从不忌讳，于是超过了一个度，以至于影响到学习，这种情况就不可取了。虽然性幻想并不是"淫荡"的表现，但应把握好"尺度"。对于青少年来说，如果对性幻想造成依赖以至形成嗜好，成为获得性满足的主要手段，就可能"想入非非"发展成病态行为，甚至会模仿影视剧人物的行为而尝试发生性行为；如果你总是自我陶醉于幻想中，在获得满足后，却又陷入烦恼和痛苦之中，甚至由此产生强烈的内疚、自责，感觉自己是个不正派的男孩或女孩，从而背上沉重的精神枷锁，这又会造成心理失调甚至可能导致心理疾病。所以尽量少接触与性爱有关的影视作品，通过学习，广泛地与异性同学的正常交往，文体活动等把性能量予以转移、升华，是减少自己性幻想的重要措施。当出现时不要过度的去思考，而是把注意力转回，相信处于青春期的你会把握好自己的心绪，使自己健康成长。

5.青春发育中的常见病

每个人的成长都不会是一帆风顺的，青春期更是一个多事之秋，每个人在成长中都会患有一些病，那么在青春期都会有哪些病发生呢？是不是都有预防的办法呢？

§青春痘§

青春痘是中学生生长发育中的最常见病之一，对于处在妙龄期的中学生来说，是每一个人都不愿意看到的。在医学上，青春痘称为痤疮，也称为粉刺，是一种与皮脂代谢活力下降有关的毛囊、皮脂腺慢性炎症病变，因为处于青春期，所以俗称为"青春痘"。很多人认为"青春痘"就是青春期在脸上长的一些小痘痘，把青春痘当成一种青春期的自然生理现象，过了青春期就会自行痊愈，或者结婚以后就不会再有。所以说，青春痘是没有必要去治疗的，其实这是一种错误的认识，青春痘也是一种病，它是内分泌失调所引起的。

引起青春痘的原因很多，如饮食不当、生活没有规律等，但是有很多时候还是可以改善的。这就需要青少年在平时的生活中多加注意。一般应注意以下几个方面：

1.劳逸结合，保持精神愉快，对痤疮的治疗十分有益。避免情

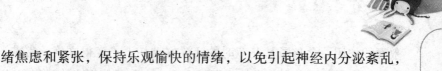

绪焦虑和紧张，保持乐观愉快的情绪，以免引起神经内分泌紊乱，使痤疮加重，要认识到这是一种暂时的生理现象。

2. 保持皮肤清洁，常用温水洗脸，因为冷水不易去除油脂，热水促进皮脂分泌，避免用碱性大的肥皂，硫磺香皂对痤疮有一定好处，不要用雪花膏和其他油脂类的化妆品，以免进一步填塞毛囊，使痤疮加重。

3. 洗脸时可用毛巾轻轻擦皮肤，让淤积的皮脂从皮肤排出，但绝不能用手挤、掐、挖粉刺，这样做容易感染形成脓疱和斑痕。油性皮肤要经常清洗，但洗脸方法一定要正确。以20多度的温水将脸轻轻拍湿，将洗面乳或去痘皂在撑中搓揉面部，然后立即用冷水冲掉，不要让洗面乳等清洁产品。如果局部有感染现象，可用硫磺、硫酸锌等外用药，也可较长期的口服小量消炎药，这些最好在医生指导下应用。对于女孩来说，要尽量选用补水性比较好的柔肤水，最好不要用缩肤水或者紧肤水，因为少女时期皮肤都是比较娇嫩，不适宜用这些水。

4. 平时多食富含维生素和纤维素的食物，如蔬菜、水果，饮食清洁，少吃甜食和油腻食物，少吃姜、蒜、辣椒，少饮浓茶、咖啡等刺激性食物和饮料，不吸烟、不酗酒、保持大便通畅。

5. 不要用手去挤压粉刺，以免引起化脓发炎，脓疱破溃吸收后形成疤痕和色素沉着，影响美观。抗菌素对感染重的有疗效，但不宜常用。

§青春期肥胖症§

处于青春发育期的青少年，因其人体新陈代谢旺盛，生长所需要的营养也增多，为了满足身体的发育需要，所以处于青春期的青少年食欲往往旺盛，但是又由于活动量过少，所以过剩的能量就会转化为脂肪，造成肥胖。尤其是少女，进入青春期后，由于内分泌

激素的作用，女孩子从儿童时的活泼好动一下子变得文静、害羞，各种较剧烈的活动很少参加，再加上不少女孩子偏好含热量很高的零食，就势必造成营养过剩，促使身体发胖。那么面对青春期肥胖症，应该怎么办呢？这里向你介绍以下几种方法：

第一，运动疗法。这种治疗方法主要是通过体育锻炼减少多余的脂肪，适用于单纯性的肥胖青少年，也是最理想的没有任何副作用的疗法。运动有两种基本形式，即全身运动和增强肌力的静态运动。全身运动可以促进体脂动用，增加肌肉组织血流量和增强心肺功能。静态运动可以增强肌力，防止肌肉组织块丢失，提高末梢组织对胰岛素的敏感性。增加体格锻炼，应提高自己对运动的兴趣，并努力使之成为日常爱好。运动要多样化，包括慢跑步、柔软操、太极拳、乒乓球及轻度游泳等。肥胖的家属成员最好同时参加，易见疗效。每日运动量约 1 小时左右，应逐渐增加。具体运动量设计可按以下步骤：日常生活调查→计算一日消耗能量→将其总量的10%作为日运动量→转换成具体运动种类及时间→根据疗效和反应调整。剧烈运动可激增食欲，应避免。如果因其增加运动量而让又增食了大量的食物，那么就达不到效果。但是也应注意，有的时候实在很饿也不能不吃，大量运动之后也要适当地吃一点儿食物。

第二，饮食疗法。任何原因引起的肥胖病，皆以饮食管理为主。限制食量时必须照顾小儿的基本营养及生长发育所需，仅使体重逐步降低。最初，只要求制止体重速增。以后，可使体重渐降，至超过正常体重范围 10%左右时，即不需要再限制饮食。设法满足自己食欲，避免饥饿感。故应选热能少而体积大的食物，如芹菜、笋、萝卜等。必要时可在两餐之间供给热能少的点心如不加糖的果冻、鱼干、话梅等。食品应以蔬菜、水果、麦食，米饭为主，外加适量的蛋白质食物如瘦肉、鱼、鸡蛋、豆及其制品。碳水化合物体积较大，对体内脂肪及蛋白质的代谢皆有帮助，可作为主要食品。但应减少糖量。饮食管理必须取得家长和自己的长期合作，经常鼓励自己坚持治疗，才能获得满意效果。另外需要提醒的是，在治疗过程中不要给自己施加任何的压力，否则你的减肥方法达不到最理想的效果。

第三，药物疗法。一般情况下不提倡用这种方法，因为这种方法除了易产生依赖性之外还易对青少年的身体起负作用。有时可用苯丙胺以减低食欲，一般用小剂量 2.5~5 毫克于就餐前半小时口服，每日 2 次，仅给 6~8 周的短期疗程。食欲抑制剂，如中枢性食欲抑制剂、肽类激素、短链有机酸；消化吸收阻滞剂，如糖类吸收阻滞剂、脂类吸收阻滞剂；脂肪合成阻滞剂；胰岛素分泌抑制剂；代谢刺激剂；脂肪细胞增殖抑制剂。再次强调不能依赖药物，应以适当的饮食控制和运动疗法为主，药物为辅。适用于先天性遗传肥胖的青少年。

§少女发育中的常见病§

每个少女在成长发育期都会面临一些不同程度的烦恼，但是由于这些烦恼不是轻易说出口的，所以很多人都会隐忍着，甚至有的少女因此而失去了治疗的时机，造成不可弥补的后果，所以处在青春期的少女一定要关心爱护自己，了解一些常见病及应对措施对自身的健康成长有很大的帮助。

第一，闭经。少女如果超过 18 岁还没有来月经，或未婚女青年有过正常月经，但已停经 3 个月以上，都叫闭经。如果发现闭经，应该及时去医院，查明病因，对症治疗，一般都会得到满意效果，切不可讳疾忌医。否则，闭经时间越久，子宫就会萎缩得越厉害，治疗效果也就越差。青春期女性闭经能否治愈的问题，取决于闭经的原因。其主要原因有以下几点，一是由疾病引起的，如严重贫血、营养不良等。二是生殖道下段闭锁，如子宫颈、阴道、处女膜、阴唇等处，有一部分先天性闭锁，或后天损伤造成粘连性闭

锁，虽然有月经，但经血不能外流。这种情况称为隐性或假性闭经。三是由生殖器官不健全或者发育不良引起的。四是结核性子宫内膜炎引起的。

第二，下腹痛。下腹部疼痛常常是少女就诊的一个症状，但引起疼痛的原因却不尽相同。妇科原因：如子宫内膜异位症、卵巢肿瘤、盆腔充血、慢性盆腔炎，可以发生慢性下腹痛。轻度的痛经和排卵痛，如果反复发生，也给人以慢性腹痛的印象。妇科以外的原因：如长期便秘、肠痉挛、粪石、慢性肠炎、泌尿系感染、尿道狭窄、尿潴留、腹腔手术后粘连等，都可引起慢性下腹痛。还有一种不可忽视的原因就是有的少女害怕考试，每当大考来临，就会不自觉地感受到下腹疼痛，对于这种现象要从心理上进行治疗，而对其他的情况则需要去看医生。

第三，白带。少女进入青春期后，随着性器官的完善，卵巢开始发育并分泌雌激素，阴道内会有一种乳白色或透明的液体流出，它是由生殖道中的多种组织分泌的液体共同组成的，包括各种腺体分泌的黏液，阴道壁的渗出液，黏液中含有阴道上皮的脱落细胞及少量白细胞，这就是白带。正常的白带应该是乳白色或无色透明，略带腥味或无味。青春期白带受雌激素影响，有周期性的变化，有时增多，有时减少，这都属于正常现象，不必介意。少女异常白带主要有以下方面：一是白带呈乳白色或淡黄色，脓性、量多、有臭味，多为阴道炎、慢性宫颈炎所致。二是白带稀薄，淡黄或黄绿色，混有小气泡，有臭味，多为阴道滴虫引起。三是白带呈乳白色豆腐渣样或块状，多为霉菌性阴道炎。四是血性白带多由宫颈息肉、黏膜下肌瘤、重度慢性宫颈炎引起。如果有这样的现象出现就需要到医院去就诊，查出具体的病因，然后再有针对性的进行治疗。

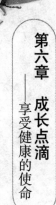

6.明明白白看待处女膜

千百年来，无数的女子都笼罩在处女膜的阴影之下，太多的女性为了所谓的处女膜付出了生命的代价，不少女性的被杀或自杀，不少婚姻的痛苦或破裂，罪魁祸首就是这层平平常常的膜！围绕着处女崇拜的种种习俗，人们展开了一个又一个话题。而这一切，在现代文化背景下已经失去了意义。处女膜由于位于人体的隐蔽处，再加上很多人都说不清处女膜到底是什么东西，不免使它蒙上一层神秘的色彩。尤其是处于青春期的中学生们，无论是男生还是女生，对处女膜都是一知半解的，因此，他们更希望对此能有一个全面的认识，抹去心中那份神秘感。

§揭开处女膜的神秘面纱——什么是处女膜§

处女膜究竟是什么，它对女性来说真就那么重要吗？

其实，处女膜并没有人们想象中的那么神秘，它也是女性生殖器官的一部分。处女膜是覆盖在女性阴道外口的一块中空薄膜，大约 1~2 毫米厚，其内、外两面均为湿润的黏膜，在两层黏膜之间是含有微小血管及神经纤维的结缔组织，薄膜的正反两面都呈粉红色，因而，当处女膜破裂时，少女常会出现阴道少量流血，并伴有疼痛。处女膜的大小和膜的厚薄程度因人而异，一般来说，青少年

时期的处女膜较小而且比较厚，但是，随着女子身体的发育成熟，处女膜会逐渐变得大而薄，并有相当的韧性。正常的处女膜的中央都有一个直径为 1~1.5 厘米的小孔，医学上称之为"处女膜孔"，月经可通过这一小孔排出体外。处女膜孔的形状各人不尽相同，根据开孔的形状，处女膜孔可分为圆形、椭圆形环形、筛形、伞形、分叶形、星形、中隔分离形、月牙形、半月形、唇形等 30 余种。但是，也有个别的女性处女膜上没有处女膜孔，医学上称为"处女膜闭锁"，这是女性生殖器官发育异常中较常见的一种现象。主要表现为青春期女子月经不来潮，并有周期性下腹痛，下腹正中可触及包块，阴道积血过多时压迫尿道直肠，会阴检查可见膨胀而鼓起的处女膜，呈紫蓝色。如果月经血在阴道内长久积聚，可向上流入子宫腔、输卵管，甚至可流入腹腔，使输卵管破损，肠管粘连，腹腔感染。所以，中学生一定要注意，一旦出现上面的症状，应当尽快到医院就医。

处女膜虽然只是一层薄薄的膜，但它对女性的生殖系统乃至身体起着很重要的保护作用。

处女膜可以防止外界不洁的东西进入阴道，它是一个防止病邪入侵的屏障，有保护阴道的作用。青春期前，女性的生殖器官尚未发育完善，阴道的黏膜较薄弱、酸度也较低，因而不能阻拦细菌的入侵。而这时的处女膜较厚，也就担负起这一重任，起到保护女性生殖系统的作用。也有的学者认为，在 16~18 岁以前，女性的身体没有发育完全，处女膜也就十分肥厚，这是一种避免过早过性生活的警戒装置；青春期后，随着卵巢的发育，体内雌激素增多，阴道抵抗力有所加强，而处女膜却逐渐变得薄弱，慢慢的处女膜也就逐渐的失去了作用和生理功能。

§处女膜破裂§

受传统思想观念的影响，在很多人的意识中，处女膜就是处女的标志，处女膜的破裂就意味着女性不再是处女了，21世纪的一些女中学生也这样认为，以至于有些学生常为自己是不是处女而苦恼。其实这是一种很封建的思想，仅凭处女膜的破裂来界定处女是很片面的。

处女膜是一层很薄的膜，稍不留意就会把它给弄破，除了性生活之外，还有多种情况都可以造成处女膜的破裂，包括剧烈运动、意外损伤等。因此，有的女性确实是真实的处女，而处女膜已破裂。所以，不能单纯的以处女膜来评定一个女子是不是处女。

由于处女膜的形状及韧度不同，所以处女膜破裂的原因多种多样。有的人生来处女膜就有多处的破裂；现在女孩都爱运动，锻炼身体，也做重体力的劳动等，她们有可能在劳动运动当中把处女膜弄破；有的女孩，因某些意外，使处女膜破裂，如有的女性在儿童期的无知，将小玩具插入阴道，有的遇到外伤、或尖锐物碰巧抵在外阴部，这些都可导致处女膜破裂，而自己又一无所知；而有的女性在清洗外阴部、使用内置式卫生棉条不当，也会造成处女膜的破裂。据有关统计表明，在从事剧烈劳动的少女中，性行为前就出现处女膜破裂的，不少于四分之一。因此，不能仅凭处女膜是否破裂来鉴定是否是处女。

导致少女处女膜破裂还有一个原因，那就是不良的手淫习惯。处于青春期的中学生随着身体的发育、心理的成长，会出现性的萌动，有一些女孩子就会采取手淫这种方法，这种现象在中学生群体当中是相当常见的。据有关调查表明，大概40%的少女发生过手淫。虽然适当的手淫对人体并没有多大的害处，但是，如果方法不当，便会导致处女膜破裂。若只是抚摸、刺激阴蒂等体外动作，则

不会；若是以手指或异物插入阴道，则会使处女膜破裂。过度的手淫还会引起白天的疲劳、精力下降、注意力不集中，引起一些思想上的压力。所以，为了身心健康，处于青春期的女孩们最好摆脱这种不良的行为习惯。

判断处女膜是否破裂主要是通过医生的检查来判断的，而个人要想正确判断自己的处女膜是否已经破裂是非常困难的。所以说处女膜完整不完整不是衡量一个女孩贞操的标准，女孩不必这么担心，也不一定非要去做检查。最重要的是，作为女孩一定要自尊、自爱，学会保护自己。

7.远离狐臭，清爽一身

"因为我有狐臭，很多人都瞧不起我，所以我很自卑。对于生活，我觉得枯燥无味，没有一点意思，因为狐臭我失去了太多。在教室里，没有人愿意和我同桌，即使和我坐在一起，也大都捂着鼻子；在课下，没有同学和我玩，更别说有什么知心的朋友了；就连我的一些家人，也说我身上的味难闻……我整天都活在狐臭的阴影之下。我担心，我害怕，即使在最亲的面前，我也因此抬不起头，每个人都用歧视的眼光看着我，他们看我就好像看怪物一般。没有了交流，没有了自信，我感觉我的生活是那么的暗淡无光，有时候我真的就不想活了。"这是一个狐臭女孩的自述，字里行间道尽了女孩的辛酸和无奈。虽然医学在快速的发展，但还是有很多的人被狐臭折磨着，尤其是一些中学生，他们脆弱的心灵对于人们的指点和白眼更是敏感，因此在精神上承受着很大的压力。

§了解狐臭§

狐臭又名腋臭、狐臊，是臭汗症的一种。是日常生活中常见的一种病，狐臭的原因，中医认为是湿热内瘀所致，西医认为是腋下的大汗腺分泌物中含有不饱和的脂肪酸和蛋白质经皮肤表面的葡萄球菌分解后散发的一种特殊的气味。这种病男女都会发生，以女性

较多，并且大都在青春期发病。主要是因为人体的大汗腺主要分布在腋窝、鼻翼、外耳道、腹股沟、会阴部等处，大汗腺在青春期受内分泌及荷尔蒙的影响才开始活动，故狐臭多在青春期开始，到老年时减轻或消失，因此，腋臭在患者青少年时期气味最为浓烈，表现"最佳"。

观察狐臭患者，你会发现，如果父母有狐臭的，其子女也多半有这种病。医学研究表明，狐臭常具有遗传性，并与性别、种族差异有关。父母亲中一人有狐臭，子女有狐臭的几率是50%；如果双亲都有狐臭，子女有狐臭的几率则高达80%~90%。另外，狐臭的人种学倾向特别明显，白色人种、黑色人种、棕色人种患有狐臭占绝大多数，他们中没有狐臭反而少见，狐臭在他们人群中并不是疾病，在西方，狐臭的英文单词（B.O）body odor 就是体味的意思，人们并不会因为某个人的体味重而看不起谁。但是，黄色人种的体味（狐臭）极轻，一旦谁的体味较重（狐臭明显），周围的人闻到这种气味就会觉得非常刺鼻，甚至不愿意接近他，更有甚者掩鼻而走，这对患者本人是一种极大的心理伤害。很多中学生患者因此造成性格、思维的不正常，严重影响了他们的学业、交友以及以后的生活。

由于对狐臭的敏感性，好多中学生一旦闻到自己身上有异味，就怀疑自己患有狐臭。其实仅凭个人主观的判断是否有狐臭是一种非常不科学的方法，如果你怀疑自己有狐臭，而又不想去医院检查，可通过以下方法进行自查。

1. 病症：一般狐臭患者耳耵（耳屎）多为湿性粘糊性，类似中耳炎，也有少数轻度狐臭患者的耳耵呈粉末状。

2. 家族史：通过询问，看一下自己的父母以及外公、外婆、爷爷、奶奶、兄弟姐妹等亲人是否有狐臭病史，是否有身体异味。

3. 腋毛：腋毛部是否可见异常油腻物或伴有比汗液黏的液体，是否毛发霉变分泌物粘连。

4. 颜色：检查一下所穿内衣胳肢窝部位是否发黄变色。

5. 气味：用干净、没有异味的手帕和纸张用力擦抹腋毛部位，鉴别味道，运动发热后最佳。

如果有了以上症状，也不要紧张，最好要到医院皮肤科进行确诊，以便及时治疗。

§狐臭的预防和治疗方法§

患有狐臭的人是最怕过夏天了，因为一到夏天，人们出汗较多，穿的衣服又少，所以，狐臭的气味就更容易散发出来，令周围的人都掩鼻而跑，这对于狐臭患者来说是既无奈又难以启齿的致命伤，使得他们长期处在狐臭的阴影里。别担心，现在就为你介绍几种预防和治疗狐臭的方法，清除你在人前的尴尬。

一、保持身体卫生。

不管是轻微的狐臭患者，还是比较严重的患者，都要保持身体卫生，尤其是腋下，一定要保持干净、干燥，可用中性皂如舒服佳清洗大汗腺较集中的地方，养成早晚沐浴的习惯。局部搽冰片、滑石粉、西施兰露，减少汗腺分泌。局部可用75%酒精或0.5%安多脂（PV–I 消毒剂）杀灭局部细菌。因为腋毛上可能会附着有异味的汗水，所以腋毛最好刮除，以减轻异味的散发。

二、香遮法。

香遮法是人们最常用的一种方法，简单讲就是"以香掩臭"，通过一些香水来达到掩盖臭味的目的。主要是应用花卉或其他植物中提取的香料成分制成香粉或香水，喷涂于腋部，用香气遮盖汗臭味。据一项研究报道表明，番茄汁对消除狐臭有一定功效。具体方法是：洗浴后，在浴盆水中加入 500 克的番茄汁，然后将腋部在水中浸泡 15 分钟，每周两次。此种方法适合狐臭较轻的患者，且持续时间较短，是无法从根本上消除狐臭的。

三、物理治疗法。

这种方法主要适用于腋臭症状严重而又不想进行手术的患者。物理治疗的方法很多，如激光治疗、微波治疗、高频电治疗等，这些方法主要是利用激光、微波产生的物理效应，破坏毛根及顶泌汗腺，从而达到根治。由于这种方法对人体没有伤害，而且治愈过程比较快，所以，很受广大患者的青睐。

四、汗腺切除法。

这种方法是针对那种久治不愈的患者，它是采用手术的方法将顶泌汗腺切除或切断顶泌汗腺导管，阻断顶泌汗腺的分泌，从而使臭味消除。它的优点是疗效可靠，可彻底治愈腋臭，缺点是损伤太大，造成局部皮肤缺损、出血，要缝针，由于缝合时皮肤张力大，限制了双上肢活动功能，易造成伤口感染，缝线脱落，造成较大的手术疤痕，这种方法主要适用于20~40岁无手术禁忌症的患者，如果一定要选择做手术，那你一定要慎重的选择一家比较好的医院。

据调查显示，大多数的腋臭患者都是遗传而得来的。其实，腋臭像感冒和头疼一样是一种平常的疾病，所以，中学生们不要因为得了这种病倍感羞涩，应光明正大地去找医生咨询并接受治疗。最后，需要强调的是，腋臭不会影响到身体健康，建议中学生们一定要摆正心态，不要一味地追求根治，盲目治疗。

8.远离烟酒，亲近健康

　　在中学生群体中，存在着不少健康问题。除了营养不均衡、睡眠不足等老问题之外，不良生活习惯成为影响初中生健康的主要问题，特别是烟酒，是中学生身体健康的罪魁祸首，抽烟、喝酒严重影响了中学生的身心健康。据有关调查显示，目前我国部分城市中学生的饮酒率为21%，男生为31.3%，女生为10.9%，随着年级的上升饮酒率逐步上升。中学生酗酒抽烟现象在校园中是屡见不鲜，来看下面的镜头。镜头一：今年16岁的王磊说，他们班的男同学几乎都喝过酒，而且抽烟的也不在少数。最喜欢喝的就是啤酒，当然，也喝少量白酒，如果大家聚在一起，你不抽烟，也不喝酒，那还有什么意思，还算是男人吗？镜头二：家住郑州市的李先生说，他儿子今年17岁，上高中一年级，有时候晚上回来晚了，会很坦白地向他汇报说，班上几个同学聚会，喝了几杯，抽了几支烟，还一起去唱歌了。他听后很担心儿子这样下去，还能好好学习，考一个好学校吗？平时在家里很听话的孩子，怎么自从上了高中以后，抽烟、喝酒都学会了。镜头三：一个中学生模样的男同学背着书包、推着自行车停在了一家百货店门口，他掏出一张10元钱随口说："老板，买包烟，还是老牌子。"随后店主给了他一包"一品梅"香烟，说："这么小年纪，烟瘾就这么大，还是少抽点吧。"他的回答让人大跌眼镜："我的好朋友、周围的同学都抽烟，他们

把烟分给我抽，如果我不抽的话，多不给他们面子啊！而且抽烟很有男人味，你不这样认为吗？"那是一张多么稚气的脸啊，却说出如此的话，真是让人不可相信。这一个又一个的镜头也许你在生活中也经常的遇到，看到这些，使人不禁想大声呐喊：中学生朋友们，远离烟酒吧！

§抽烟对人体的危害§

吸烟有害健康是是众所周知的。但是，中学生由于年龄还小，在短时期内还感觉不到抽烟对自己健康的危害，所以在不知不觉中，许多抽烟的中学生都忽略了它的严重性和致命性，导致很多中学生在不明究竟、不存戒心的情况下开始吸烟，待到日久成习，欲罢不能，已是大错铸成时，后悔莫及了。

烟是百害无一利的健康摧毁者，美国把吸烟称为20世纪的鼠疫，抽烟得各种疾病的几率都非常高。由于烟草中含有很多有害物质，如尼古丁、煤焦油、一氧化碳、二甲基亚硝胺、硫青酸盐等，吸烟可导致这些有害物质作用于人体器官，引起多种疾病，甚至导致多种癌症的发生。香烟的烟雾中，含有1%~5%的一氧化碳，愈抽到末端一氧化碳愈高，高浓度的一氧化碳进入肺中，静脉血在肺中进行气体交换，目的是吸取空气中的氧气，而抽烟者吸入肺中的气体却含了高量的一氧化碳，而一氧化碳和血色素的亲和力要高出氧气300倍，一氧化碳和血色素紧紧地结合在了一起，使血色素失去吸取氧气的能力。当然，一支烟所产生的一氧化碳对血色素的影响不大，但一支接一支地抽，呼入肺内的一氧化碳就会一点点增多，长此以往后果就可想而知了。若是在门窗紧闭的房间里吸烟，室内不仅充满了人体呼出的二氧化碳，还有吸烟者呼出的一氧化碳，长期待在这样的环境里，会使人感到头痛、倦怠，学习效率下降。抽烟的人在伤害自己健康的同时也伤害到了身边的人，在吸烟者吐出来的冷烟雾中，烟焦油和烟碱的含量比吸烟者吸入的热烟含量多1倍，苯并芘多2倍，一氧化碳多4倍，氨多50倍。在你用吸烟伤害自己的同时，也严重伤害了你周围的人。

吸烟不仅危害身体健康，对中学生的心理健康也是有害无益的。长期吸烟，在一定程度上影响中学生的注意力的稳定性，导致智力水平、学习效率与记忆效率下降。有人对中学生进行实验，比较吸烟者与不吸烟者的智力情况，结果表明：吸烟者的联想、记忆、想象、计算、辨认力等智力效能减低了10%。有人以学生成绩为指标进行研究，结果发现：吸烟学生的成绩比不吸烟学生的成绩差些，不及格的学生中，吸烟者比不吸烟者的比例大些。吸烟对中学生的危害是数不胜数的，对于正在学知识，长身体的中学生来说，不应该沉浸在烟雾缭绕之中，应该给自己的心灵和身体一个清新的环境。

§饮酒对人体的危害§

在我国，饮酒是一种文化，适度饮酒可以增添喜庆气氛，但过度饮酒不仅伤身害命，还贻害家庭以及社会。对于中学生来说，更不能在小小年纪就养成饮酒的习惯，这对以后的人生发展是十分不利的。

无论是哪种酒，它的主要成分就是乙醇。乙醇又称酒精，酒精度数通常是指酒中所含乙醇量的百分比。酒精对人体的危害主要有：第一，损害肝脏。酒精的解毒主要是在肝脏内进行的，大约90%~95%的酒精都要通过肝脏代谢。因此，饮酒对肝脏的损害特别大。酒精能损伤肝细胞，引起肝病变。连续过量饮酒者易患脂肪肝、酒精性肝炎，进而可发展为酒精性肝硬化，最后可导致肝癌。狂饮暴饮或是一次饮酒量过多，不仅会引起急性酒精性肝炎，还可能诱发急性坏死型胰腺炎，严重者危及生命。青少年正处在身体生

长发育期，如若饮酒，不仅易损伤肝脏和造成中毒，也容易妨碍身体其他器官的发育生长。第二，大量的饮酒会造成骨质疏松。在过去，人们一直认为骨质疏松是由于骨质自然退化、钙的摄入、吸收和利用不足等原因造成，但近年来的医学研究表明，过量饮酒也会造成骨质疏松。因过量饮酒而引起骨质疏松的原因并不是单一的，而是综合性的。嗜酒者常营养不良，钙、镁吸收不足，酒精中毒可使性激素分泌减少，由此而导致骨质疏松。此外，酒精对骨细胞有直接毒性作用，酒精还会影响骨细胞的活动，进而妨碍骨细胞对钙、镁的吸收和利用，则难免会诱发或加重骨质疏松。第三，导致体内多种营养素缺乏。酒是纯热能食物之一。在体内可分解产生能量。但不含任何营养素，过量饮酒不但减少了其他含有多种重要营养素（如蛋白质，维生素，矿物质）食物的摄入。还可使食欲下降，摄入食物减少，以及长期过量饮酒损伤肠黏膜，影响肠胃对营养素的吸收，以上都可导致多种营养素缺乏。第四，影响智力。国外研究者曾对年轻嗜酒者的智力是否衰退作过测试。测试对象是 35 岁以下的中青年，这些人在过去的三年中每天饮用酒精达 150 多克。结果发现，其中一半以上的人智力出现衰退，而其中 1/4 的人智力衰退得十分严重。因此，中学生们，为了自己的未来，为了自己的大脑健康，请不要过量饮酒。

远离烟酒，才能与健康牵手。为了能使自己的青春更美好，中学生朋友们一定要远离烟酒。

9.男孩青春期的乳房发育

青春期就像一个魔术师，具有无穷大的神奇魔力，它使男孩、女孩的身体发生日新月异的变化。尤其是生理的发育，来得迅速，许多生理现象使少男少女感到迷惑甚至恐惧，例如乳房的发育。不但女孩的乳房发育，一些男孩的乳房也开始发育。这就使一些处于青春期的中学男生们慌了神，我是男生啊，怎么乳房也变大了呀？我该不会是两性人吧！其实，在青春期，男孩的乳房发育是一种很普遍的现象，只要发现得及时，针对病因进行医治，这种现象很快就会消失。

§男孩乳房发育异常的原因§

李强就是一个被"乳房发育"折磨着的一名初二学生。李强今年15岁，个子比同龄人高出了一截，长得浓眉大眼讨人喜欢。可是小强最害怕过夏天，更不敢去公共浴池洗澡。因为小强的两个乳房一直在发育，现在已经像小馒头一样，已经有两年的病史了。一年前，小强的爸妈也曾带他到医院看过，医生建议用中药调治，可是，小强的父母怕药物治疗对小强身体有伤害，再加上当时乳房发育也不是很明显，他们就没有接受治疗，也忽略了一个更严重的问题——男性乳房发育的成因，以及对孩子未来的影响。哪里想到，

247

乳房越来越大了，没有办法，他们又来到医院。经过医生检查，现在小强的骨龄明显超前，已经相当于 18 岁，本应该是 170 厘米以上的身高，但是现在很难达到理想的身高，而且还要面对接受手术切除乳腺腺体的建议。小强的父母由于不懂男性乳房发育的原因，以至于使小强错过了最佳的治疗时机。

一般来说，家长对女孩的乳房发育情况比较重视，而对男孩往往忽略。岂不知，如果因雌激素过多等造成未成年男孩乳房发育，对男孩的身心健康极为不利。造成男孩乳房发育的原因一般有以下几方面：

第一，雌激素分泌过多。进入青春期后的男孩，体内会分泌大量的雄激素，同时，雌激素的分泌也会随之增加。在这个阶段，如果雌激素常比雄激素分泌的多，就会出现性激素的比例失调的现象。因此，在进入青春期后一年左右，由于雌激素的升高，加上生长激素和肾上腺皮质激素对乳腺也会产生一定的刺激作用，从而会使男孩乳头部位的乳腺细胞增大、分裂、数量增多，使乳房隆起；仔细抚摩，还会发现里面有一个小硬结，偶尔触碰会产生痛感。这种现象一般可持续 1~2 年时间，但是乳房不会继续长大，所以由于这种原因引起的乳房增大，一般不用去就医，停一段时间后就会自行消失。

第二，睾丸疾病。睾丸是分泌雄激素的主要器官，正常人体内部雌激素和雄激素同时存在，男性体内雄激素占优势，女性则雌激素含量高。如果睾丸发生疾患，例如睾丸功能不佳、先天性睾丸发育不良、睾丸炎、睾丸损伤及睾丸肿瘤等，都可使雄性激素分泌量减少，而雌激素水平相对增加，雌雄激素水平分泌失调，就会导致乳房发育。

第三，药物影响。过量地服用一些药物如孕激素、异烟肼、三环类抗抑郁剂、利血平、氯丙嗪、安体舒通、洋地黄甲基多巴等药物，或结核病人长期服用雷米封等，这些药物都会干扰到男性体内雌激素的正常代谢而诱发乳房增大。不过药物引起的乳房增大，只要停止用药后即能逐渐恢复正常状态。

第四，肝脏疾病。人体的激素都是经过肝脏进行处理的。当肝脏发生疾病（如肝炎、肝硬化、肝癌等）时，就会引起肝功能异常，此时，肝脏就不能很好地处理雌激素，就会出现体内雌激素增多，乳房增大的现象。

此外，引起男性乳房增大的还有一些疾病，如肾上腺疾病、糖尿病、慢性结肠炎等也可导致乳房发育。总之，不论如何，一旦发生男子乳房发育症，首先得从以上几个方面考虑，如果增生的乳腺长时间不消退，或继续增大，并伴随身体其他方面的不适，就需要去医院请大夫诊治寻出病根，及早进行治疗。

§男孩乳房发育的认识§

进行青春期以后，男孩、女孩的身体都有了巨大的变化，使他们各方面都更趋近于成年人。尤其是女孩，乳房开始发育，使她们的身材更加突出曲线美。女孩们在为自己的乳房发育感到惊喜的同时，也有一些男孩也在为自己的乳房发育而感到苦恼。乳房是哺乳类动物和人类特有的腺体，功能和发生上属于汗腺的特殊变形。男女乳房在出生时并无明显差异，到了青春发育期，女性的乳房逐渐发育生长，若遇妊娠和哺乳还有独特的分泌功能。而男性乳房仅在青春发育期稍见增大与变硬，以后保持原样，并不随身体的发育而日见增大，也无任何分泌功能。

男生的乳房发育并不是一种可怕的病，也不是怪病。关键是中学生们要摆正自己的心态，正确认识男性乳房发育，了解自己乳房增大的真正原因。一般来说，生理性男性乳房发育一般不需治疗。病理性的应针对其病因，积极治疗原发病，调节内分泌，同时进行对症治疗，更重要的是要从思想感情上对本病有一个正确认识。放

下精神包袱，积极配合治疗，将有助于病情尽快好转。如果长期保守治疗无效，乳房过大，胀痛剧烈，或怀疑有癌变可能者，可以进行手术切除，不过这种几率是非常小的，中学生们大可不必把这种可能怀疑到自己身上。

　　处在中学阶段的男生，可以通过书籍或向老师家长咨询来了解乳房发育的知识，这样才不至于因盲目的认知而影响到自己健康快乐的学习和生活。